T0209132

essentials

essentials liefern aktuelles Wissen in konzentrierter Form. Die Essenz dessen, worauf es als „State-of-the-Art" in der gegenwärtigen Fachdiskussion oder in der Praxis ankommt. *essentials* informieren schnell, unkompliziert und verständlich

- als Einführung in ein aktuelles Thema aus Ihrem Fachgebiet
- als Einstieg in ein für Sie noch unbekanntes Themenfeld
- als Einblick, um zum Thema mitreden zu können

Die Bücher in elektronischer und gedruckter Form bringen das Expertenwissen von Springer-Fachautoren kompakt zur Darstellung. Sie sind besonders für die Nutzung als eBook auf Tablet-PCs, eBook-Readern und Smartphones geeignet. *essentials:* Wissensbausteine aus den Wirtschafts-, Sozial- und Geisteswissenschaften, aus Technik und Naturwissenschaften sowie aus Medizin, Psychologie und Gesundheitsberufen. Von renommierten Autoren aller Springer-Verlagsmarken.

Weitere Bände in der Reihe http://www.springer.com/series/13088

Friedrich Frischknecht

Parasiten

Insekten, Würmer, Einzeller – verdrängte Plagegeister?

Friedrich Frischknecht
Department für Infektiologie
Universitätsklinikum Heidelberg
Heidelberg, Deutschland

ISSN 2197-6708 ISSN 2197-6716 (electronic)
essentials
ISBN 978-3-658-29875-3 ISBN 978-3-658-29876-0 (eBook)
https://doi.org/10.1007/978-3-658-29876-0

Die Deutsche Nationalbibliothek verzeichnet diese Publikation in der Deutschen Nationalbibliografie; detaillierte bibliografische Daten sind im Internet über http://dnb.d-nb.de abrufbar.

Planung/Lektorat: Sarah Koch
Springer Spektrum ist ein Imprint der eingetragenen Gesellschaft Springer Fachmedien Wiesbaden GmbH und ist ein Teil von Springer Nature.
Die Anschrift der Gesellschaft ist: Abraham-Lincoln-Str. 46, 65189 Wiesbaden, Germany

Was Sie in diesem *essential* finden können

- Die unterschiedlichen Arten von Parasiten und ihre Lebensweise
- Wie Parasiten unseren Körper durchwandern und schädigen
- Kuriose Mechanismen der Infektion und Verbreitung
- Die verschiedenen Lebenszyklen von Parasiten
- Wie Parasiten unser Verhalten verändern
- Gibt es nützliche Parasiten?

Vorwort

Parasiten sind neben Bakterien, Viren, Pilzen und Prionen eine Klasse vielseitiger Krankheitserreger. Vom kleinsten Parasiten, der aus einer winzigen Zelle besteht, bis hin zum meterlangen Bandwurm leben sie an den unterschiedlichsten Orten. Die einen saugen Blut, während andere sich im Blut vermehren. Die einen leben in nur einem Wirt, während andere mehrere Wirte infizieren und komplizierte Lebenszyklen durchlaufen. Manch ein Parasit verursacht eine tödliche Krankheit, während man andere kaum bemerkt. Die einen wurden fast ausgerottet, während andere erfolgreich hunderte von Millionen Menschen infizieren. Gegen einige helfen billige Medikamente, während an vielen anderen kaum geforscht wird. Manche Parasiten übertragen zusätzlich Krankheitserreger oder beeinflussen sich gegenseitig. Allen Parasiten sind eine spannende Biologie und das Verursachen von Krankheiten unterschiedlicher Schwere in Mensch, Tier und Pflanze gemein.

Dieses *essential* versucht einen ersten Einblick in die vielfältigen Lebensweisen ausgewählter Parasiten zu geben, mit einem Fokus auf Parasiten, die Menschen infizieren. Die unterschiedlichen Lebensstrategien der Parasiten werden dargestellt, Behandlungsmethoden beschrieben und es wird aufgezeigt, wie sie unser Leben als Individuen und Gesellschaften beeinflussen. Das *essential* sollte dem interessierten Leser einen Anreiz geben, sich mit weiterführender Literatur über Parasiten zu beschäftigen.

An dieser Stelle möchte ich mich auch herzlich bei Miriam Griesheimer, Claudia und Markus Ganter für das kritische Lesen, Kommentieren und Korrigieren des Textes, Katerina Jirku Pomajbikova für die Diskussionen zu Wurmtherapien und Sarah Koch für die Motivation, dieses *essential* zu schreiben, bedanken.

Friedrich Frischknecht

Inhaltsverzeichnis

Über den Autor

Foto von Yves Sucksdorff

Prof. Dr. Friedrich Frischknecht hat nach dem Studium der Biochemie an der Freien Universität Berlin am Europäischen Molekularbiologischen Laboratorium (EMBL) in Heidelberg über Pockenviren promoviert. Nach einem Forschungsaufenthalt am Institut Pasteur in Paris leitet er seit 2005 eine Forschungsgruppe am Universitätsklinikum in Heidelberg und beschäftigt sich hauptsächlich mit den molekularen Grundlagen der Bewegung von Malariaparasiten. Für seine Forschungsarbeiten wurde er mehrfach ausgezeichnet. Frischknecht kollaboriert mit Kollegen aus verschiedenen Ländern und unterrichtet regelmäßig in Afrika. Für mehr Informationen und kurze Videoclips über seine aktuelle Forschung und Lehre: www.sporozoite.org.

Friedrich Frischknecht, Prof. Dr., Universitätsklinikum Heidelberg, Im Neuenheimer Feld 344, 69120 Heidelberg.

1 Einleitung

Parasiten leben in oder auf einem artfremden Organismus und schädigen diesen zu ihrem eigenen Vorteil. Sie können Menschen und Tiere auf unterschiedlichste Weise infizieren, z. B. durch die Aufnahme von Parasiteneiern mit der Nahrung, durch Übertragung beim Stich eines Insekts oder durch das aktive Eindringen in die Haut. Während Parasiten ihren Wirtsorganismus befallen und sich in ihm vermehren, modulieren sie auch aktiv dessen Funktionen. In extremen Fällen kann dies zu starken, für die Verbreitung der Parasiten vorteilhaften, Verhaltensänderungen führen. Sogar eine Verschiebung des Hormonhaushalts, sodass aus Männchen Weibchen werden, die Eier legen, welche von Parasiten befallen sind, ist beschrieben. Parasiten legen Eier in Nester anderer Vögel oder Fische, beißen ihren Wirten die Zunge ab und dringen in ihre Gehirne ein. Die Krankheitserreger verbreiten sich über Kot und Urin, über Nahrung und Trinkwasser und über eine Vielzahl von Insekten und anderen Tieren, die oft ebenfalls unter den Parasiten leiden. Parasitismus ist *die* dominante Lebensweise auf unserem Planeten, die Biologie der Parasiten ist faszinierend, der von ihnen angerichtete Schaden unbeschreiblich; und doch sind sie für manches Ökosystem auch unersetzlich.

Während über einzelne Viren und Bakterien sehr viel bekannt ist, liegen die Details der Lebensweisen von Parasiten noch weitgehend im Dunkeln. Die Erforschung von Parasiten mit modernen molekularbiologischen Methoden wird deshalb noch über Jahrzehnte für spannende Entdeckungen sorgen.

F. Frischknecht, *Parasiten*, essentials,
https://doi.org/10.1007/978-3-658-29876-0_1

2 Parasitismus und andere Lebensformen

2.1 Definition und Geschichte

Als Parasiten bezeichnet man in der biomedizinischen Forschung und Lehre eukaryotische Krankheitserreger. Diese unterscheiden sich von den prokaryotischen Bakterien dadurch, dass sie ähnlich komplex wie unsere menschlichen Zellen aufgebaut sind. Eukaryoten besitzen einen Zellkern, in welchem die Erbsubstanz DNA (engl. für Desoxynukleinsäure) verpackt ist, sowie mehrere Zellorganellen, wie z. B. die energieproduzierenden Mitochondrien. Bakterien besitzen diese Organellen weitgehend nicht. Man unterscheidet Parasiten auch von Pilzen, obwohl Pilze ebenso Eukaryoten sind. Des Weiteren gibt es noch Viren und Prionen als Krankheitserreger. Viren können sich im Gegensatz zu Pilzen, Parasiten und Bakterien nicht selbstständig vermehren, sondern müssen dazu eine Zelle befallen. Prionen sind dagegen einzelne Proteine, die sich von einer ‚gesunden' in eine ‚kranke' Form verändern und dadurch Krankheiten auslösen können.

Ursprünglich kommt der Begriff *Parasit* aus dem Griechischen für *neben (para)* und *essen (sitos)* und bezeichnete Personen, die als sogenannte Vorkoster für Opfergaben tätig waren. So kamen diese Vorkoster ohne eine eigene Leistung zu einer Mahlzeit. Später wurde der Begriff des *Parasiten* ausgeweitet und umfasste im Allgemeinen Personen, die sich das Essen bei reichen Menschen durch Unterhaltung verdienten, und die in antiken Komödien gerne zur Erzeugung von Gelächter eingesetzt wurden. Erst später wurde der Begriff des *Parasiten* nicht mehr für Menschen genutzt, sondern für Krankheitserreger unterschiedlichster Art.

Parasitär lebende Organismen gab es wahrscheinlich schon, so lange es Leben auf der Erde gibt. Eindeutige Hinweise auf einen Parasiten gibt es z. B. in 100 Mio. Jahre altem Bernstein, in welchem die ersten blutsaugenden Stechmücken

F. Frischknecht, *Parasiten*, essentials,
https://doi.org/10.1007/978-3-658-29876-0_2

gefunden wurden. Auch der Mensch lebt seit seiner Entstehung mit Parasiten. Eier des Madenwurms wurden etwa in mumifiziertem Stuhl gefunden, der ca. 10.000 Jahre alt ist. Eine der ältesten Darstellungen von Parasiten sind in ägyptischen Papyri beschriebene Infektionen mit dem Spulwurm. Aristoteles und Hippokrates beschrieben Parasiten von Mensch und Tier und es wurde spekuliert, ob die Schlange um den Stab des Äskulap, dem Gott der Heilkunst, ein Medinawurm sei, wobei einiges gegen diese These spricht. Mit der Entdeckung der Mikroorganismen durch Antoni van Leeuwenhoek im späten 17. Jahrhundert wurden auch die ersten einzelligen Parasiten im Stuhl beschrieben (Tab. 2.1). Im ausgehenden 19. Jahrhundert wurden dann wiederum viele der einzelligen Parasiten, die z. B. Malaria oder die Schlafkrankheit auslösen, entdeckt. Mit

Tab. 2.1 Auswahl einiger Entdecker von Parasiten

Jahr	Entdecker	Krankheit	Parasit	Erregertyp
1681	Antoni van Leeuwenhoek	Durchfall	*Giardia lamblia*	Einzeller
1687	Giovanni Bonomo	Krätze	Krätzmilbe	Gliederfüßer
1835	John Paget	Trichinose	*Trichinella spiralis*[a]	Wurm
1836	Alfred Donne	Trichomoniasis	*Trichomonas vaginalis*	Einzeller
1851	Theodor Bilharz	Bilharziose	*Schistosoma mansoni*[a]	Wurm
1866	Otto Wucherer	Elephantiasis	*Wucheria bancrofti*	Wurm
1874	John O'Neill	Flussblindheit	*Onchocerca volvulus*	Wurm
1880	Alphonse Laveran	Malaria	*Plasmodium falciparum*[a]	Einzeller
1883	Stephanos Kartulis	Amöbenruhr	*Entamoeba histolytica*	Einzeller
1901	William Leishman Charles Donovan	Leishmaniose	*Leishmania donovani*[a]	Einzeller
1903	David Bruce	Schlafkrankheit	*Trypanosoma brucei*[b]	Einzeller
1908	Charles Nicolle Louis Manceaux	Toxoplasmosis	*Toxoplasma gondii*	Einzeller
1909	Carlos Chagas	Chagas Krankeit	*Trypanosoma cruzi*	Einzeller

[a]Jeweils nur ein wichtiger Vertreter von mehreren, dieselbe Krankheit auslösenden Parasiten ist hier genannt
[b]Trypanosomen wurden schon 1841 von Gabriel Valentin in Fischen entdeckt

Tab. 2.2 Auswahl einiger Entdecker von Übertragungswegen

Jahr	Entdecker	Krankheit	Parasit	Übertragung
1846	Joseph Leidy	Trichinosis	*Trichinella spiralis*	Schweinefleisch
1877	Patrick Manson	Elephantiasis	*Wucheria bancrofti*	Stechmücken
1897	Ronald Ross	Malaria	*Plasmodium spp*	Stechmücken
1898	Battista Grassi	Malaria	*Plasmodium spp*	*Anopheles spp*
1903	David Bruce	Schlafkrankheit	*Trpypanosma brucei*	Tsetse Fliegen
1909	Carlos Chagas	Chagas Krankheit	*Trypanosoma cruzi*	Raubwanzen

dem Verständnis der teilweise komplexen Lebenszyklen der Parasiten konnten im Folgenden gezielte Kontrollprogramme eingeführt werden, etwa die Fleischbeschau gegen Wurmkrankheiten oder die Stechmückenbekämpfung gegen Malaria (Tab. 2.2).

Die parasitische Lebensweise wird als eine Form des Lebens in oder auf einem anderen, artfremden Organismus, der durch den Parasiten geschädigt wird, definiert. Bisher brachte wohl die parasitische Lebensweise die meisten Organismen auf der Erde hervor. Oft können einzelne Tiere von Dutzenden verschiedener Parasiten befallen werden. Dabei bedingt häufig die Anzahl der sich vermehrenden Parasiten die Schwere der Erkrankung. Wenige Parasiten werden oft nicht bemerkt, sei es weil sie sich nicht gut vermehren oder weil sie vom Immunsystem kontrolliert werden, während große Anzahlen an Parasiten eine Vielzahl zum Teil tödlicher Symptome hervorrufen können. Die parasitischen Lebensformen werden von Symbiosen, Mutualismus und Kommensalismus unterschieden. In einer Symbiose und einem Mutualismus leben zwei oder mehr artfremde Organismen zusammen und profitieren voneinander. Bei einer Symbiose ist diese gegenseitige Beziehung so wichtig, dass die Partner ohne einander nicht mehr lebensfähig sind, z. B. bei Flechten, die aus der Symbiose eines Pilzes und einer Alge entstanden sind. Auch manche Parasiten sind Symbiosen eingegangen wie wir weiter unten sehen werden. Beim Kommensalismus hingegen profitiert nur ein Partner, welcher dem anderen jedoch keinen Schaden zufügt. All diese Interaktionen entwickelten sich in dem immerwährenden Bestreben der Lebewesen sich zu verändern, was es ermöglicht neue ökologische Nischen zu besetzen.

2.2 Lebensformen und Lebenszyklen

Der Kuckuck ist einer der bekanntesten Parasiten. Der Vogel legt sein Ei in das Nest eines anderen Vogels und überlässt diesem die Brut und Aufzucht. Der geschlüpfte Jung-Kuckuck wirft dann noch die Eier seiner Stiefschwestern und -brüder aus dem Nest und perfektioniert so die parasitäre Lebensweise. Weniger bekannt ist, dass all dies von Edward Jenner im 18. Jahrhundert entdeckt wurde, was ihm die Mitgliedschaft der königlichen Gesellschaft *(Royal Society)* in England einbrachte, eine hohe Auszeichnung für einen Forscher, damals wie heute. Berühmt wurde er aber erst viel später, als er die Impfung gegen Pocken entscheidend miteinführte, was seine Kollegen im Vergleich zu seinen bahnbrechenden Beobachtungen in der Parasitologie sehr kritisch betrachteten. Man spricht beim Kuckuck von Brutparasitismus, was eine der vielen möglichen Arten des Parasitierens eines anderen Organismus darstellt. Der Kuckuck tötet seinen Wirt zwar nicht, jedoch dessen Nachkommen.

Andere Parasiten, wie zum Beispiel Schlupfwespen, bringen ihre Wirte hingegen um. Die Wespen stechen z. B. die Raupen von Schmetterlingen mit einem speziellen Legestachel und injizieren Eier. Die aus den Eiern entstehenden Larven entwickeln sich und verzehren die Raupen von innen, bevor sie aus diesen heraustreten. Der Science-Fiction Fan mag hier die *chestbuster*-Form der Kreatur aus *Alien* erkennen, die ähnlich mit befallenen Raumfahrern verfährt.

Manche Parasiten fressen ihre Wirte nicht von innen bis zum Tode auf, sondern verzehren nur einen Teil. So z. B. *Cymothoa exigua,* eine parasitäre Assel, welche die Zunge eines Fisches frisst, sich statt dieser im Mund des Wirtes niederlässt und diese ersetzt, und sich gleichzeitig von diesem ernährt (Lucius et al. 2018). Der Fisch lebt also mit einer Zunge weiter, die eine Assel ist; der Parasit ersetzt ein ganzes Organ.

Eine Vielzahl unterschiedlicher Verhaltensweisen findet sich bei Ameisen, bei denen bestimmte Arten als soziale Parasiten leben. Diese überfallen die Nester ‚freilebender' Ameisen, ersetzen deren Königinnen oder versklaven die Arbeiterinnen. Manchen Ameisenarten fehlt gar die Arbeiterklasse und sie stehlen sich diese in ihrer Gesamtheit von einem anderen Ameisenvolk, andere rauben ihre Wirte einfach nur aus (Hölldobler und Wilson 1990). Selbst die oben erwähnten parasitären Wespen können von anderen Wespen parasitiert werden. Diese suchen sich eine mit Wespenlarven gefüllte Raupe und legen ihre eigenen Eier in die Larven der Wespe.

Einige Parasiten sind auf Gedeih und Verderb auf ihren spezifischen Wirt als Lebensgrundlage angewiesen. Parasiten, die nur den Mensch oder eine Nutztierart infizieren, wären relativ leicht auszurotten, so wie es bei Pockenviren gelungen ist (Henderson 2009). Andere Parasiten können aber in vielen verschiedenen Wirten überleben und weichen unter Umständen auf andere Wirte aus um zu überleben.

Einen einfachen Lebenszyklus findet man beim Madenwurm, der nur einen Wirt befällt. Der Mensch nimmt die Eier über den Mund auf, der Wurm entwickelt sich im Darm und scheidet wiederum Eier mit dem Kot aus (siehe auch Abschn. 4.1). Andere Würmer infizieren erst einen Wirt und vertrauen darauf, dass dieser von einem anderen Tier gefressen wird. Der Parasit wandert dann von der Mahlzeit in das Raubtier, um dieses zu parasitieren. So etwas kann zum Beispiel zwischen Fisch und Vogel, Warzenschwein und Mensch oder Mücke und Eidechse passieren.

Mancher Parasit wartet aber nicht einfach im Gewebe oder Gedärm eines Wirtes, sondern manipuliert diesen spezifisch, um die Aufnahme durch den nächsten Wirt zu beschleunigen. So schwimmen z. B. mit einem Bandwurm infizierte Fische (Stichlinge) deutlich öfter an der Wasseroberfläche, wo sie schneller von Fischreihern entdeckt und gefressen werden. Das erlaubt dem Wurm, sich im Reiher weiterzuentwickeln und Eier zu produzieren, die mit dem Kot ausgeschieden werden und wieder ins Wasser gelangen. Dort werden sie von kleinen Krebsen gefressen. Auch diese Krebse manipuliert der Parasit, sodass sie häufiger von den Stichlingen verspeist werden und der Lebenszyklus von neuem beginnen kann.

Der kleine Leberegel hingegen befällt die Gallengänge bei Säugetieren, scheidet Eier aus, die mit der Galle in den Stuhl und weiter in die Umwelt gelangen. Dort werden sie von Schnecken gefressen. In der Schnecke entwickelt sich der Parasit in andere Formen und gelangt in die Lunge. Schließlich wird der Parasit von der Schnecke in kleinen Schleimbällchen „ausgehustet“. Für bestimmte Ameisen sind die Schleimbällchen ein gefundenes Fressen und so gelangen die Parasiten in die Ameise. Ein Teil von ihnen dringt ins Gehirn der Ameise ein, während sich die anderen in der Leibeshöhle der Ameise weiterentwickeln. Nach einigen Wochen werden die Ameisen vom Parasiten dazu gebracht, an Grashalmen hinaufzuklettern und sich oben am Halm festzubeißen. Dadurch können sie wiederum vom Schaf oder Pferd gefressen werden, wo der kleine Leberegel nach weiteren Entwicklungsschritten wieder in die Gallengänge gelangt und somit den Zyklus schließt. Dieser wunderliche

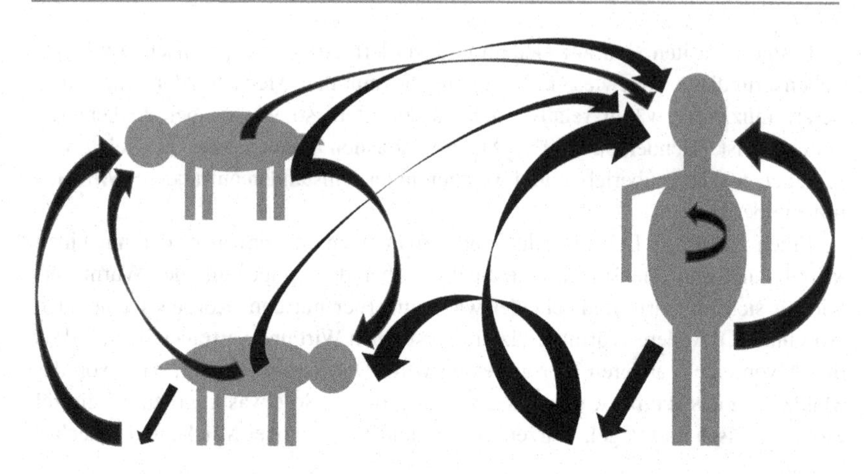

Abb. 2.1 Mögliche Lebenszyklen von Wurminfektionen. Während der Mensch für bestimmte Parasiten als einziger Wirt auftreten kann, können andere Parasiten von Tieren (links) auf den Menschen (rechts) übertragen werden. Die einzelnen Pfeile zeigen mögliche Infektions- und Übertragungswege auf. Alle denkbaren Wege werden von den in diesem *Essential* besprochenen Parasiten benutzt

Lebenszyklus ist sicher einer der faszinierendsten und zeigt die Komplexität der Beziehungen zwischen Parasiten und ihren Wirten (Lucius et al. 2018; Mehlhorn 2012a, b).

Mit diesen wenigen Beispielen kann die enorme und teils verrückt anmutende Vielfalt der Lebensweisen von Parasiten schnell erkannt werden (Abb. 2.1). Und vielleicht macht dies auch Appetit auf mehr. Man wundert sich fast, dass es nicht noch mehr Novellen und Filme gibt, die durch Parasiten inspiriert wurden (Frischknecht 2009).

3 Stechende Plagegeister

3.1 Mücken

Weibliche Stechmücken beißen, um Blut zu trinken, da sie das darin enthaltene Eiweiß für die Reifung ihrer Eier benötigen. Sie schaden dem Wirt durch den Verlust des Blutes und der nach dem Stich auftretenden Hautirritation. Wird die Stichstelle aufgekratzt, kann die offene Wunde zu weiteren, hauptsächlich bakteriellen Infektionen führen. In manchen Gegenden werden Menschen von über hundert Stechmücken pro Tag gebissen. Der Rekord des Autors liegt bei 160 Stichen pro Tag – während des Einsammelns von Heidelbeeren in einem Moor. Jedoch sind meist nicht die Stiche das größte Problem, sondern die dabei übertragenen Krankheitserreger. Stechmücken spucken diese während der Suche nach einem Blutgefäß in die Haut: Viren, Bakterien, Parasiten (Frischknecht 2007). Diese können sich dann entweder in der Haut vermehren oder wandern alleine oder innerhalb von Abwehrzellen der Haut in Blutgefäße oder Lymphknoten. Weltweit gibt es über 3000 unterschiedliche Arten von Stechmücken. Deswegen sollte es nicht überraschen, dass einzelne Erreger oft nur von einer bestimmten Art übertragen werden können, so z. B. die humanen Malariaparasiten nur von *Anopheles*-Mücken. Allerdings gibt es wiederum über 400 *Anopheles*-Arten, die sich biologisch unterscheiden, und von denen wiederum nur ca. 40 Malaria übertragen können. Manche von diesen, z. B. die in Afrika weit verbreitete *Anopheles gambiae,* stechen ausschließlich Menschen, während andere *Anopheles*-Arten auch Blut von Tieren saugen. Es würde daher also nicht ausreichen, eine dieser Arten auszurotten, um Malaria zu eliminieren. Neben der Malaria können übrigens auch Fadenwürmer von *Anopheles*-Stechmücken übertragen werden. Diese können in die Lymphknoten wandern und den Abfluss der Lymphflüssigkeit blockieren, was die sogenannte Elephantiasis hervorruft,

F. Frischknecht, *Parasiten,* essentials,
https://doi.org/10.1007/978-3-658-29876-0_3

die durch ein teils groteskes Anschwellen der Beine und/oder des Hodensacks charakterisiert ist. Manche Forscher gehen davon aus, dass im Laufe der Zeit die Hälfte aller Menschen, welche jemals gelebt haben, durch Krankheiten, die von Mücken übertragen wurden, gestorben ist.

3.2 Zecken und Milben

In vielen Wäldern der Welt und auf vielen Wiesen lauern Zecken, achtbeinige Gliederfüßer (Arthropoden), auf die Gelegenheit auf einen Wirt aufzuspringen und sich in ihm zu verbeißen. Sie sind nicht nur lästige Blutsauger, sondern übertragen wie die Stechmücken auch unterschiedliche Krankheiten, etwa die bakteriellen Erreger der Borreliose oder die viralen Verursacher von Hirnhautentzündungen. Zecken übertragen ebenso Babesien, Parasiten, die mit dem Malariaerreger verwandt sind. Sie können sowohl Tiere als auch Menschen infizieren. In den Tropen übertragen Zecken auch Theilerien, ebenfalls einzellige entfernte Verwandte der Malariaparasiten, welche Rinder befallen und großen ökonomischen Schaden verursachen. Theilerien dringen in die Zellen des Immunsystems ein und programmieren sie um, sodass diese sich permanent teilen. Die Teilung der Wirtszelle nutzt der Parasit für seine eigene Vermehrung, löst aber gleichzeitig auch eine Krebserkrankung aus (z. B. B-Zell-Lymphome), welche die befallenen Rinder tötet. Gegen Theilerien gibt es einen Impfstoff, der aus abgeschwächten Parasiten besteht und in der Viehzucht zusammen mit einem Medikament eingesetzt werden kann (Di Giulio et al. 2009). Ebenfalls in der Viehzucht wird ein Impfstoff gegen Zecken eingesetzt, welcher den Magen des blutsaugenden Tieres angreift und es dadurch tötet (Sharma et al. 2015).

Zecken sind die größten Vertreter der Milben (Acari), welche eine Vielzahl weiterer Parasiten von Pflanze, Tier und Mensch hervorbringen und weniger als ein Zehntel Millimeter klein sein können. Bekannt sind die Haarbalgmilben, die in unseren Augenwimpern wohnen und Hausstaubmilben, die Allergien auslösen können. Auch die Varroamilbe, die Honigbienen befällt, wird den meisten Lesern ein Begriff sein. Die Krätze wird von sogenannten Grabmilben verursacht, die Gänge in unsere Haut (und jene von Tieren, dann Räude genannt) graben und dort ihre Eier ablegen. Dies führt zu großem Juckreiz und manche Arten, wie z. B. die Milzbrandmilbe, können auch Krankheiten übertragen. Bei einer Immunschwäche können sich die Symptome der Krätze deutlich verstärken. Insektizid-haltige Cremes helfen gegen einen Befall, wobei eine abgeschlossene

Behandlung nicht vor einem Neubefall schützt. Eine Übertragung erfolgt meist über direkten Haut-zu-Haut-Kontakt oder gemeinsame Wäsche. Auch aus der Umwelt können Grabmilben aufgenommen werden, davor kann man sich durch Einpudern der Socken und Hosen mit Schwefel schützen.

3.3 Flöhe

Flöhe sind nicht nur von historischem Interesse, als die Überträger des Schwarzen Todes, der durch das Bakterium *Yersinia pestis* ausgelösten Beulenpest. An dieser starben im 14. Jahrhundert ca. 30–50 % der Bevölkerung Europas und großer Teile Asiens. Sie besiegelte wohl den Untergang des größten Landreiches der Geschichte, jenes der Mongolen, und hatte zugleich Anteil an der Geburt der Renaissance. Flöhe haben besondere Sprungbeine, die es ihnen ermöglichen, von einem Tier auf das nächste zu hüpfen (Abb. 3.1). Für solche Sprünge nutzen sie nicht nur die in Muskeln üblichen Proteine, sondern zusätzlich noch ein spezielles Protein, das wie ein Bogen aufgespannt werden kann. Flöhe können auch Parasiten übertragen, z. B. einzellige Trypanosomen von Ratten, die mit den Erregern der menschlichen Chagas-Krankheit verwandt sind (siehe Abschn. 5.3). Bei Hunden übertragen Flöhe auch Bandwürmer, wobei je nach Land bis über die Hälfte der Hunde infiziert ist (Dobler und Pfeffer 2011).

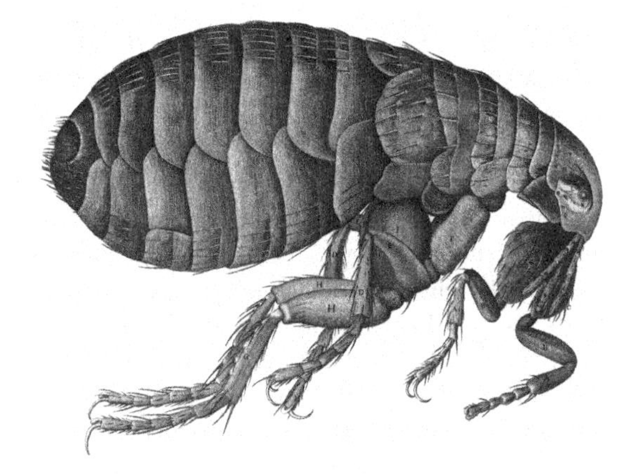

Abb. 3.1 Floh gezeichnet von Robert Hooke aus seinem Buch Micrographia, um 1665

3.4 Läuse

Wer kennt nicht Läuse aus dem Kindergarten? Als Eltern junger Kinder bekamen wir gefühlt jede zweite Woche eine E-Mail mit der Bitte, die Haare unserer Kinder zu untersuchen, da wieder einmal ein Kind mit Läusen aufgefallen war. Während man die Kopflaus mit speziellem Permethrin-haltigem Shampoo oder mit Dimeticon-Öl einfach bekämpfen und loswerden kann, kann ein Befall mit der seltenen Kleiderlaus schwerwiegender sein. Diese kann auch bakterielle Krankheitserreger, wie jene des Fleckfiebers, übertragen, welches einst Napoleons Armee während des Russlandfeldzuges entscheidend schwächte. Es gibt über 3000 bekannte Arten von Läusen, die auf Tieren und über 16.000 Arten, die von Pflanzensäften leben. Oft befallen verschiedene Lausarten ein Tier und haben sogar auf dem Tier eine bevorzugte Stelle, an die sie sich adaptieren, z. B. die Flügel von Vögeln. Auf Seehunden lebende Läuse haben sich sogar an das Salzwasser der Meere angepasst.

3.5 Fliegen

Fliegen parasitieren den Menschen unter anderem dadurch, dass sie ihre Eier in Körpersekreten ablegen. Nach dem Schlüpfen der Larven führt dies zur sogenannten Myiasis, dem Befall mit Maden (Francesconi und Lupi 2012). Dies ist jedoch medizinisch meist nicht besonders bedrohlich. Etwas anders ist es bei Fliegen aus der Familie der Dasselfliegen (Oestidae). Die Larven der Hautdasseln können sich wie der Name andeutet in die Haut ihrer Wirte, hauptsächlich Huftiere, einbohren und sich in bis zu zwei Zentimeter große Maden entwickeln. Nach dem Heranwachsen verlassen sie ihren Wirt und verpuppen sich im Boden. Bei ihren Wirten rufen die Fluggeräusche von Dasselfliegen Panik hervor, was zu schweren Verletzungen führen kann. Einige Dasselfliegen legen ihre Eier nicht auf der Haut ab, sondern z. B. auf Stechmücken. Sie vertrauen darauf, dass die Stechmücke einen Wirt findet und so das Ei dorthin trägt. Die Körperwärme des Wirts lässt die Larve schlüpfen und sie bohrt sich anschließend in die Haut. Es ist nur eine Hautdassel bekannt, die spezifisch den Menschen befällt und in Südamerika vorkommt *(Dermatobia hominis)*. Seltener ist der Mensch Gelegenheitswirt für einige andere Hautdasseln. Neben diesen unterscheidet man noch Nasen-, Rachen-, und Magendasseln, die ihre Larvenentwicklung in den entsprechenden Organen durchmachen. Die Eier werden direkt in den Nasen oder Mäulern abgelegt, wobei es sich eher um ein Abschießen handelt: Die Dasselfliegen kreisen vor den Gesichtern und katapultieren ihre Eier in die Nase oder den Mund. In der Nasenschleimhaut oder im Magen entwickeln sich dann die Larven. Die nächsten Stadien werden entweder herausgeschnäuzt oder gelangen über den Kot auf die Erde, wo sich diese zu erwachsenen Fliegen weiterentwickeln. Ein starker Befall durch die Reh-Rachendassel kann zum Tod des Rehs führen.

3.6 Bettwanzen

Vor nicht allzu langer Zeit wartete der Autor im Gästehaus der Universität in Accra auf Kollegen aus Oxford. Mit den schon Vorgereisten trank er gemütlich kühles Bier und ging letztendlich zu Bett. Gerädert berichteten die englischen Kollegen nach ihrer Ankunft am nächsten Morgen, dass ihr Flug aufgrund von Verseuchung durch Bettwanzen gestrichen wurde und sie sieben Stunden auf ein Ausweichflugzeug warten mussten. Bettwanzen sind 0,1 bis 1 Zentimeter kleine Insekten, die fast überall auf der Welt die Menschen plagen können. Sie trinken Blut, was aber in den meisten Fällen nicht bemerkt wird. Bei hohem Befall oder Empfindlichkeit kann es zu deutlich sichtbaren Bissen und unterschiedlichen Symptomen bis hin zur Psychose kommen. Bettwanzen kann man durch hohe oder tiefe Temperatur und Insektizide töten. Etwas eleganter ist ein Auslegen von Bohnenblättern um die Betten herum. Die Bettwanzen verfangen sich bei ihrer nächtlichen Suche nach Blut in den mikroskopisch kleinen Pflanzenhärchen der Blätter. Man darf sich fragen, ob die Fluglinie diese biologische Bekämpfung oder doch die chemische Keule eingesetzt hat.

3.7 Parasitoide

Als Parasitoide bezeichnet man Organismen, die zwar parasitisch leben, aber im Gegensatz zu Parasiten ihren Wirt am Ende einer Entwicklungsphase töten. Meist wird die Bezeichnung für Insekten verwendet, aber viele andere Arten, z. B. verschiedene Pilze, haben eine ähnliche Lebensweise. Schlupfwespen sind ein Paradebeispiel für Parasitoide. Sie sind für den Menschen nicht von direkter Bedeutung, legen sie doch ihre Eier unter anderem in Schmetterlings- oder Mottenraupen, Käfer oder Spinnenkokons ab (Pennacchio und Strand 2006). Über 25.000 Arten von Schlupfwespen sind bekannt und sie legen ihre Eier in oder auf den Wirten ab, die Larven schlüpfen und ernähren sich von den Wirten. Dabei können sie das Verhalten der Wirte beeinflussen, was bei Spinnen auf beeindruckende Weise an den veränderten Webmustern ihrer Netze beobachtet werden kann. Der gemeinsame Vorfahre dieser Wespen hat wohl schon vor 150 Mio. Jahren Eier in Holzwürmern abgelegt. Dass Schlupfwespen auch heute noch Holzwurmpopulationen kontrollieren können, erkannte man zufällig bei der Insektenbekämpfung, um Malaria einzudämmen, die von Stechmücken übertragen wird. Dabei wurden in manchen Gegenden auch Holzhütten mit dem Insektizid DDT besprüht, was neben den Stechmücken auch die parasitoiden Wespen tötete. Diese konnten folglich die Holzwurmlarven nicht mehr infizieren und töten, was zu deren Vermehrung und entsprechend großen Schäden an den Hütten führte. Die Bewohner der Hütten lehnten dann verständlicherweise auch ein weiteres Sprühen vehement ab. Dieses Beispiel zeigt auch die unerwarteten Schwierigkeiten auf, die beim Einsatz vermeidlicher Wunderwaffen gegen Krankheitserreger eintreffen können. Ohne die Akzeptanz der betroffenen Bevölkerung können diese oft nicht effizient eingesetzt werden.

4 Würmer

4.1 Würmer im Darm

Unterschiedlichste Würmer bewohnen den Darm ihrer Wirte. Dies können meterlange Bandwürmer sein oder der fast mikroskopisch kleine Madenwurm (Lucius et al. 2018; Mehlhorn 2012a, b). Wie schon erwähnt hat der Madenwurm einen einfachen Lebenszyklus. Die Eier werden verschluckt und entwickeln sich über mehrere Häutungen hinweg im Darm zu erwachsenen Würmern, die sich in Blinddarmnähe verpaaren. Die Männchen sterben und die Weibchen wandern in Richtung Anus weiter. Sie kriechen meist in der Nacht aus dem Anus heraus und legen ihre Eier ab. Die ausgeschiedenen Eier können im Analbereich zu Irritationen führen, was zur Wiederaufnahme der Eier, vor allem bei kleinen Kindern, führt. Die Eier sind schon kurz nach der Ablage infektiös und so infiziert der Madenwurm oft ganze Familien. Bei ca. 500 Mio. Infektionen pro Jahr hat jeder zweite Mensch einmal diesen Wurm gehabt. Man erkennt die Eier im sogenannten Analabklatsch, bei dem ein Tesafilm über den Anus gelegt wird und die daran hängen gebliebenen hochinfektiösen Eier danach unter dem Mikroskop nachgewiesen werden.

Der nach seinem Aussehen benannte Peitschenwurm wird ebenfalls als Ei vom Menschen aufgenommen. Der Peitschenwurm ist vor allem durch die Gülledüngung in den Tropen weitverbreitet, wo über 700 Mio. Menschen infiziert sind. Die Larven schlüpfen im Dünndarm und siedeln sich am Übergang von Dünn- zu Dickdarm an der Darmschleimhaut an. Sie häuten sich und ernähren sich bis zur Ausreifung von den Schleimhautzellen. Die ausgeschiedenen Eier benötigen im Gegensatz zum Madenwurm jedoch mehrere Monate, bis sie wieder infektiös sind. Sie warten also in der Umwelt auf Wiederaufnahme. Da Peitschenwürmer

F. Frischknecht, *Parasiten*, essentials,
https://doi.org/10.1007/978-3-658-29876-0_4

relativ klein (5 cm) sind, führt erst ein Befall von über hundert Würmern zu gesundheitlichen Problemen.

Ein weiterer Wurm, der dem Regenwurm äußerlich ähnliche Spulwurm, lebt ebenfalls nur im Menschen. Allerdings entwickelte er eine kuriose Wanderung: Nachdem ein Ei mit verunreinigtem Trinkwasser oder Essen aufgenommen wurde, schlüpft die Larve zwar im Dünndarm, kann sich jedoch nicht sofort in einen erwachsenen Wurm weiterentwickeln. Sie wandert zunächst durch die Darmwand ins Blut, häutet sich in der Leber und dringt schließlich in die Lunge ein, wo sie mit dem Schleim hochgehustet wird. Dieser wird verschluckt und die Larve ist nun wieder im Verdauungstrakt, wo sie sich in einen erwachsenen Wurm umwandeln kann. Man nimmt an, dass der Aufenthalt in der Lunge ein früher freilebendes Stadium ersetzt, welches eine sauerstoffreiche Umgebung für die weitere Entwicklung benötigte. Spulwurmweibchen produzieren täglich über 100.000 Eier, die mit dem Stuhl ausgeschieden werden. Wie beim Peitschenwurm müssen Spulwurmeier erst in der Umwelt heranreifen, bevor sie infektiös werden.

Nicht alle Würmer werden als Eier mit dem Mund aufgenommen. Beim Hakenwurm bohren sich die im Boden lebenden Larven in die Haut unserer Füße und wandern im Blut zu den Lungen. Dort werden sie ähnlich dem Spulwurm hochgehustet und verschluckt, um dann im Darm zu erwachsenen Würmern heranzureifen. Diese produzieren Eier, die mit dem Kot ausgeschieden werden. Die sich entwickelnden Larven vergraben sich wiederum im Boden und warten bis sie in Kontakt mit einem Mensch, z. B. beim Ackerbau, kommen. Bei fast einer Milliarde Infektionen durch Hakenwürmer kommt es zu über 50.000 Todesfällen im Jahr. Die Würmer ernähren sich im Darm von unserem Blut, was durch die erzeugte Blutarmut bei einer noch größeren Zahl an Menschen zu Abgeschlagenheit und Depression führt. Dies wiederum hat einen dramatischen Einfluss auf die Gesundheit und Leistungskraft, und beeinflusst dadurch den persönlichen und gesellschaftlichen Fortschritt in schwer betroffenen, meist armen Regionen.

Eine weitere Stufe der Komplexität zeigt der Lebenszyklus des Zwergfadenwurms. Dieser kann zwei unabhängige, aber miteinander verknüpfte Lebenszyklen durchlaufen. Freilebend im Boden können sich die Würmer entwickeln und Eier legen, aus denen sich wiederum Larven entwickeln. Die Larven können dann entweder zu erwachsenen Würmern heranreifen oder über die Haut in den Menschen eindringen. Dort geht es über Blut und Lunge in den Darm, wo sich die Larven häuten und als erwachsene Würmer Eier produzieren. Die Eier können dann wiederum ausgeschieden werden oder sich im Darm bereits zu Larven entwickeln. Diese gelangen wiederum durch die Dickdarmschleimhaut in die Blutbahn und über die Lunge in den Darm. Sie können also selbstständig eine sogenannte Autoinfektion hervorrufen. Dieser komplexe Zyklus erklärt auch die lange chronische Infektion, die der Zwergfadenwurm auslöst.

Während die bisher genannten Würmer direkt von Mensch zu Mensch übertragen werden, gibt es Parasiten, die sich nach der Eiausscheidung vom Menschen in einem weiteren Wirt entwickeln; so z. B. der Rinderbandwurm. Dieser kann meterlang in unserem Darm leben und kleine, bewegliche Stücke, sogenannte Proglottiden, von sich ablösen, die mit dem Stuhl in die Umwelt gelangen. In jedem dieser Stücke befinden sich sowohl männliche als auch weibliche Reproduktionsorgane und ca. 100.000 Eier. Die Bewegungen der Proglottiden helfen die befruchteten Eier auszuscheiden. Von einer Kuh wieder aufgenommen entwickeln sich in deren Verdauungstrakt dann Larven, die in das Gewebe des Tieres abwandern. Essen wir nun wiederum das rohe oder nicht ausreichend gekochte Fleisch dieser Kuh, können wir mit der Larve infiziert werden, die sich in unserem Verdauungstrakt zum erwachsenen Wurm entwickelt. Erstaunlicherweise verläuft eine Infektion meist ohne spezifische Symptome. Jedoch ist der Energiehaushalt der Würmer enorm und kann veranschaulicht werden, wenn man das Gewicht der produzierten Eier des Rinderbandwurms addiert. Auf den Menschen übertragen entspräche dies einer Frau, die über 20.000 Kinder pro Jahr gebären würde. Deswegen kann eine Infektion mit vielen Würmern auch zu Gewichtsverlust führen und geht mit Schmerzen und Durchfall einher.

Alle genannten Wurminfektionen können mit unterschiedlichen Medikamenten behandelt werden (Tab. 4.1). Jedoch ist der Mensch nach einer Behandlung nicht vor einer neuen Infektion geschützt und so kommt es oft zu Neuinfektionen, wenn die hygienischen Umstände nicht verbessert wurden. Auch haben manche Medikamente unangenehme Nebenwirkungen und werden deswegen nicht gerne wiederholt eingenommen, was das Eindämmen z. B. der Bilharziose-Erreger erschwert.

4.2 Würmer im Gewebe

Wie schon beim Spulwurm und Bandwurm gesehen, können Würmer aus unserem Verdauungstrakt heraus in das umliegende Gewebe abwandern und verschiedene Organe befallen. Der Medinawurm (Abb. 4.1) gelangt in winzigen Ruderfußkrebsen als Larve mit dem Trinkwasser in unseren Verdauungstrakt und wandert letzendlich in die Haut von wo aus er Eier in die Umgebung abgibt. Durch das Verteilen von einfachen Wasserfiltern wurde er nahezu ausgerottet; ein schönes Beispiel der Kontrolle einer Infektionskrankheit ohne Medikamente oder Impfungen. Der Fuchs- oder Hundebandwurm bevorzugt dagegen vor allem die Leber, wobei der Mensch ein Fehlwirt ist. Eigentlich entwickelt sich der Wurm in Fuchs oder Hund sowie in einem Beutetier der beiden, wo er Zysten bildet. Die Würmer im Menschen können sich jedoch nicht vollständig entwickeln. Sie wachsen langsam aber stetig

Tab. 4.1 Ausgewählte Medikamente gegen Parasiten

Krankheit	Parasit	Medikament[a]	Wirkmechanismus
Malaria	*Plasmodium spp*	Artemisinin[b]	Inhibiert u. a. Hämoglobin-aufnahme der Parasiten
		Malarone[b]	Inhibiert Atmungskette und Nukleinsäuresynthese
		Doxycyclin	Inhibiert Apicoplast
Flussblindheit	*Onchocerca volvulus*	Ivermectin	Inhibiert Chloridkanäle
		Doxycylin	Tötet symbiotische Bakterien
Madenwurm	*Enterobius vermicularis*	Mebendazol	Inhibiert Mikrotubuli
		Pyranthel	Inhibiert Wurmmuskeln
Spulwurm	*Ascaris lumbricoides*	Mebendazol	Inhibiert Mikrotubuli
		Ivermectin	Inhibiert Chloridkanäle
		Pyranthel	Inhibiert Wurmmuskeln
Bilharziose	*Schistosoma spp*	Praziquantel[c]	Öffnet Calciumkanäle
Bandwurm[d]	*Taenia spp*	Niclosamid	Inhibiert Mitochondrien
		Praziquantel	Öffnet Calciumkanäle
		Mebendazol	Inhibiert Mikrotubuli
Hakenwurm	*Ancylostoma duodenale*	Mebendazol Albendazol	Inhibieren Mikrotubuli
		Pyranthel	Inhibiert Wurmmuskeln
Trichomoniasis	*Trichomonas vaginalis*	Metronidazol	Zerstört die Erbsubstanz
Giardiasis	*Giardia lamblia*	Metronidazol	Zerstört die Erbsubstanz
Krätze	*Sarcoptes scabiei*	Permethrin	Öffnet Natriumkanäle in den Nerven von Insekten

[a]Teilweise wird nur eine Auswahl von Medikamenten genannt
[b]Artemisinin wird immer in Kombination mit einem anderen Wirkstoff gegeben; Malarone enthält zwei Wirkstoffe, Atovaquon und Proguanil
[c]Über 700 Mio. Tabletten von Merck, Darmstadt gespendet
[d]Schweine oder Rinderbandwurm

weiter, sodass es oft zu Infektionen mit Wurmzysten von mehreren Zentimetern Durchmesser kommt, die meist nur zufällig bei Ultraschalluntersuchungen erkannt werden. Je nach Stadium der Krankheit kann man den Parasiten mit Medikamenten behandeln oder muss einen Teil der Leber operativ entfernen.

Abb. 4.1 Entfernung von Medinawürmern durch persische Ärzte. Ausschnitt einer Zeichnung von Georg Hieronymus Welch um 1674. Medinawürmer können aus der Haut austreten und werden langsam auf Holzstäbchen aufgerollt.

Andere Parasiten suchen sich andere Gewebe. Die Trichinen z. B. setzen sich in unseren Muskeln ab. Auch für diese Parasiten sind Menschen Fehlwirte, eigentlich wechseln sie zwischen Nagetieren und Schweinen. Wenn wir jedoch rohes Schweinefleisch essen, können auch wir uns infizieren. Noch heute muss in vielen Gegenden jedes geschossene Wildschwein erst auf Trichinen getestet werden, bevor es zum Verzehr freigegeben wird. Das Erkennen der menschlichen Infektion durch Trichinen führte zur ersten Fleischbeschauung im Jahre 1866 und war Vorläufer für die allgemeine Fleischbeschau, nach deren Einführung um 1900 die Wurminfektionen in Deutschland deutlich abgenommen haben. Auch heute werden Schweine vor dem Verkauf auf Trichinen untersucht, wobei in Deutschland jedoch weniger als ein Schwein pro Jahr positiv getestet wird. Bei Wildschweinen ist der Befall dagegen höher.

Neben den oben beschriebenen Band- und Rundwürmern gibt es auch noch die Klasse der Saugwürmer, die u. a. die Bilharziose auslösen können (WHO 2019). Die Saugwürmer entwickelten sich vor über 500 Mio. Jahren in Weichtieren, die heute als Schnecken und Muscheln leben (Lucius et al. 2018). Die Verursacher der Bilharziose, auch Schistosomiasis genannt, sind Schistosomen. Zwei Arten sind besonders wichtig als Auslöser der Darm- oder Blasenbilharziose. Jedoch gibt es weitere, die den Menschen und Nutztiere befallen können. Eine Larvenform verlässt ihren Wirt, eine Süßwasserschnecke, und schwimmt im Wasser auf den dort badenden oder mit nackten Füßen stehenden Menschen zu (Abb. 4.2), dringt durch die aufgeweichte Haut ein und wandert im Laufe mehrerer Tage in die Blutbahn, wo sie sich geschlechtlich entwickeln. Männliche Würmer warten dann in der Pfortader der Leber auf Weibchen, die sie sich schnappen und für ein gemeinsames Leben in permanenter Kopulation umschlingen. Die Pärchen wandern je nach Art in verschiedene Venen ab und das Weibchen beginnt mit der Eiproduktion. Schistosomen, die Blasenbilharziose auslösen, sitzen in Venen um die Harnblase und die Eier können wohl mithilfe eines Stachels das Gewebe durchwandern und dann mit dem Urin ausgeschieden werden. Jene Schistosomen, die Darmbilharziose auslösen, sitzen in Venen des sogenannten Mesenteriums, an dem der Darm ‚aufgehängt' ist. Ihre Eier wandern in den Darm und werden mit dem Stuhl ausgeschieden. Sobald die Eier im Wasser sind, schlüpfen dort neue Larven und suchen nach einer Schnecke. Bei einer chronischen Infektion kann die Blasenbilharziose aufgrund der ständigen Reizung zu Blasenkrebs führen. Auch können die Eier Blutgefäße verstopfen und aufgrund der ausgelösten Immunreaktion und Gewebeveränderungen kann es zu einer sogenannten Stauungsleber kommen. Wenn die Eier im Gewebe selbst stecken bleiben, vor allem in der

Abb. 4.2 Bilharziose in Äthiopien. Badende und Wäsche-waschende Menschen am Tana-See in Bahir Dar. Durch den Kontakt mit Wasser setzen sich diese Menschen dem Risiko aus durch Schistosomen infiziert zu werden. Foto: Autor

Leber, werden sie von Zellen unseres Immunsystems attackiert. Dies führt zur Ausbildung von Granulomen, knötchenförmigen Ansammlungen von Immunzellen um die Eier, die bei einer chronischen Bilharziose zu Veränderungen in der Leber führen, wie sie auch bei chronischem Alkoholismus auftreten. Die Bilharziose infiziert und tötet vergleichbar viele Menschen wie Malaria. Sie kann mit dem Wirkstoff Praziquantel behandelt werden (Tab. 4.1), was aber nicht vor einer Neuinfektion schützt. Das Darmstädter Pharmaunternehmen Merck stellte der Weltgesundheitsorganisation bisher über 700 Mio. Tabletten kostenfrei zur Bekämpfung der Bilharziose zur Verfügung.

Auch der große und kleine Leberegel sowie der Lungenegel gehören zu den Saugwürmern. Beim Lungenegel, der hauptsächlich in Südostasien vorkommt, gibt es, ähnlich wie schon beim unter Abschn. 2.2 erwähnten kleinen Leberegel, drei Wirte. Eine Schnecke, einen Krebs und Säugetiere, inklusive des Menschen. Der Parasit wird vom Menschen durch den Verzehr von Krebsen aufgenommen und bohrt sich im Zwölffingerdarm durch die Darmwand. Ungleich vieler anderer Parasiten, die sich mit dem Blut transportieren lassen, wandert der Lungenegel durch die Bauchhöhle und dringt in die Lunge ein, wo er sich einkapselt bzw. von Zellen unseres Immunsystems eingekapselt wird. Der Egel erhält sich aber eine Öffnung zur Lunge hin offen, durch die er die Eier abgibt. Diese werden hochgehustet und entweder ausgespuckt oder verschluckt. In beiden Fällen schlüpft letztendlich eine weitere Form des Parasiten aus dem Ei und befällt wieder Wasserschnecken.

Beim Großen Leberegel bildet die aus der Wasserschnecke hervortretende Larve eine Zyste aus, die lange überleben kann, bis sie von einem Tier, z. B. Schaf oder Kuh, aufgenommen wird. Der Parasit schlüpft und wandert durch die Darmwand in die Bauchhöhle. Wie der Lungenegel bewegt sich auch der große Leberegel weiter und dringt so in die Leber ein. Dort wandert er über mehrere Wochen weiter durch das Lebergewebe, bis er den Gallengang findet. Dort nistet er sich ein und produziert, nach Erreichen der Geschlechtsreife, Eier. Diese gelangen wieder mit dem Stuhl in die Umwelt und nach dem Schlüpfen einer weiteren Larve infiziert der Parasit wieder Wasserschnecken. Beim Schaf kann das Durchwandern der Leber zu schwerer Krankheit und Tod führen (Lucius et al. 2018; Mehlhorn 2012a).

4.3 Ein Parasit, zwei Krankheiten

Bei vielen Infektionen mit Parasiten treten nicht nur ein, sondern mehrere Symptome auf. Der Schweinebandwurm kann aber auch zwei komplett unterschiedliche Krankheiten auslösen (Lucius et al. 2018; Mehlhorn 2012b). Bei der ersten Krankheit kann der Mensch, wie beim Rinderbandwurm, durch eine Larve im nicht durchgekochten Fleisch infiziert werden. Im Darm entwickelt sich ein erwachsener Wurm, der Proglottiden (kleine Segmente) mit Hunderten von Eiern abscheidet, die wiederum mit dem Kot ausgeschieden werden; eine ‚klassische' Bandwurminfektion. Während beim Rinderbandwurm die Eier aber nur für Rinder infektiös sind, können Eier des Schweinebandwurms auch den Menschen infizieren. Dies führt zur zweiten Krankheit, bei der sich die entwickelnden Würmer verhalten wie im Schwein: Sie wandern in das Gewebe ab und lösen eine Infektion verschiedener Organe aus. Je nach Gewebe, in dem sich der Wurm niederlässt, entstehen unterschiedliche Symptome. Im südlichen Afrika ist der Befall des Gehirns durch den Schweinebandwurm der Hauptauslöser für epileptische Krampfanfälle und endet oft tödlich. Diese Gewebezysten können je nach Größe noch mit Anti-Wurmmitteln behandelt (Tab. 4.1) oder müssen operativ entfernt werden.

5 Einzeller

5.1 Plasmodien und Malaria

Plasmodien werden von Stechmücken übertragen und können unterschiedliche Wirbeltiere, z. B. Säugetiere, Vögel und Reptilien, infizieren. Eine Infektion des Menschen beginnt mit einem Stich (oder Biss) einer Stechmücke. Während diese mit ihrem Stechrüssel in der Haut stochert, um ein Blutgefäß zu finden, spuckt sie die Plasmodien mit dem Speichel in das Unterhautgewebe. Dort beginnen sie sofort sich zu bewegen. Sie ‚gleiten' mit für Zellen enorm hoher Geschwindigkeit durch das Gewebe und dringen in Blut- oder Lymphgefäße ein. Nur jene Parasiten, die in die Blutbahn eindringen, erreichen mit dem Blutstrom die Leber, wo sie aus dem Kreislauf austreten und Leberzellen befallen. In diesen vermehren sie sich zum ersten Mal. Aus einem einzelnen Parasiten können 20.000 neue entstehen, die nun eine andere Form haben. Diese Parasiten treten in kleinen Bläschen aus der Leberzelle heraus und gelangen zurück ins Blut, wo sie letztendlich die Symptome der Malaria auslösen. Dort infizieren sie rote Blutzellen und vermehren sich, brechen aus den Blutzellen hervor und infizieren neue rote Blutzellen (Frischknecht 2019; Abb. 5.1).

Es gibt mindestens sechs *Plasmodium*-Arten, die im Menschen Malaria hervorrufen, wobei *Plasmodium falciparum* die tödlichste ist. Bei zwei anderen Arten kann es vorkommen, dass einige der Parasiten länger in der Leber verweilen. Dann kann es auch noch Jahre nach einer ersten Infektion erneut zu einer Erkrankung kommen, auch ganz ohne neue Stechmückenbisse. Im Blut können sich die Parasiten zu gigantischen Zahlen vermehren. Man stelle sich vor, dass 70 % unserer Zellen rote Blutzellen sind – die Zellen sind verhältnismäßig klein und füllen etwa die Hälfte unserer fünf bis sechs Liter Blut. *Plasmodium* kann in extremen Fällen bis zu 40 % dieser Zellen befallen; ein Mensch kann also bis

F. Frischknecht, *Parasiten*, essentials,
https://doi.org/10.1007/978-3-658-29876-0_5

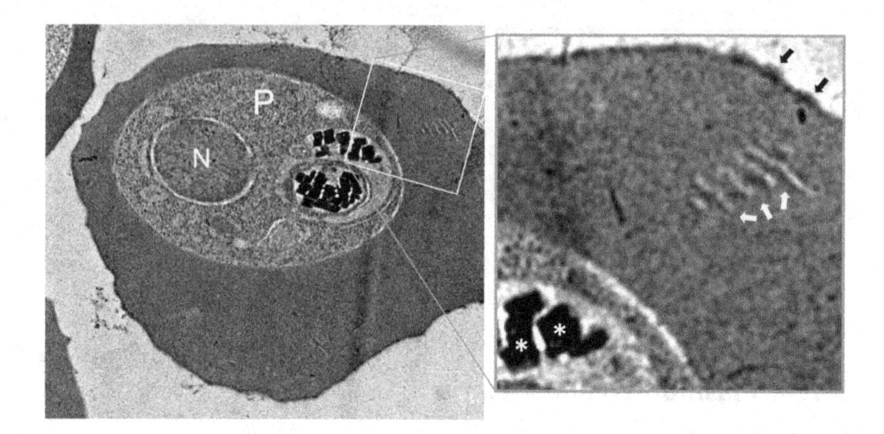

Abb. 5.1 Elektronenmikroskopische Aufnahme einer mit einem Malariaparasiten infizierten roten Blutzelle. P: *Plasmodium falciparum* Parasit. N: Zellkern des Parasiten. Die Häm-Kristalle sind deutlich zu erkennen (rechts mit * in der Vergrößerung markiert). Sie sind Abbauprodukte der Hämoglobinverdauung durch den Parasiten. Das Hämoglobin in der roten Blutzelle erscheint dunkel in dieser Aufnahme aufgrund des darin gebundenen Eisens. Weiße Pfeile zeigen auf sogenannte Maurer'schen Spalten, Strukturen, die der Parasit in der roten Blutzelle etabliert, um Proteine an die Oberfläche zu transportieren und dort kleine Ausstülpungen (dunkle Pfeile) aufzubauen. Aufnahme: Dr Marek Cyrklaff, Universitätsklinikum Heidelberg

zu circa einem Kilogramm Malariaparasiten in seinem Blut haben. Man erkennt schnell, dass eines der Malariasymptome die Blutarmut ist, da die befallenen Zellen nicht mehr dem Transport von Sauerstoff dienen. Die Parasiten vermehren sich je nach Parasitenart in 24, 48 oder 72 h, haben sich also dem Tag-Nacht-Zyklus des Menschen angepasst. Wann immer sie sich vermehrt haben, platzen sie aus den roten Blutzellen hervor und zerstören diese dabei. Die mit dem Platzen der Zelle freigesetzten Abfallprodukte des Parasitenwachstums lösen Fieberschübe aus, ein weiteres Merkmal der Malaria. *P. falciparum* verändert außerdem die infizierten roten Blutzellen, sodass diese sich mit den Zellen der Blutgefäßwände verkleben. Dies kann unter anderem zur Verstopfung von kleinen Blutgefäßen in Geweben führen. Geschieht dies im Gehirn kommt es zur zerebralen Malaria und Koma. Bei der Schwangerschaftsmalaria setzen sich die Parasiten in den Gefäßen der Plazenta fest, was zu schweren Schäden für den Fötus führen kann.

Während sich die Parasiten im Blut vermehren, erzeugen sie auch sogenannte Gametozyten, die ca. 1–2 % der Parasiten ausmachen. Gametozyten sind die Vorläufer der männlichen und weiblichen Geschlechtszellen und können sich erst nach der Blutmahlzeit im Magen einer Stechmücke zu Spermien und Eizellen weiterentwickeln. Die befruchtete Eizelle wandelt sich in ein bewegliches Stadium um, das durch die Magenwand wandert und eine Zyste bildet. Innerhalb dieser Zyste wachsen Hunderte bis Tausende neuer Parasiten heran, die schließlich aus der Zyste herausbrechen und in die Speicheldrüse des Insekts eindringen. Beim nächsten Stich schließt sich der Kreislauf des Parasiten.

Malaria kann mit unterschiedlichen Medikamenten behandelt werden. Es gibt jedoch trotz intensiver Bemühungen noch keine zuverlässige Impfung (Matuschewski 2017). Manche Menschen sind vor bestimmten Malariaparasiten geschützt, da in der Erbsubstanz ihrer Vorfahren kleine Veränderungen stattfanden, die z. B. das Eindringen von *Plasmodium vivax* in rote Blutzellen verhindern. Bei der berühmten Sichelzellanämie schützt die Veränderung des Erbgutes nicht vor der Malaria, jedoch vor deren tödlichem Verlauf. Leider verursacht diese Veränderung, wenn sowohl vom Vater als auch von der Mutter vererbt, eine tödliche Krankheit.

5.2 Toxoplasmose

Der wahrscheinlich erfolgreichste Parasit des Menschen (Tab. 5.1) ist *Toxoplasma gondii,* ein entfernter Verwandter der Malariaparasiten, welcher jedoch nicht zwischen Stechmücken und Wirbeltieren, sondern zwischen Katzen und ihren Beutetieren zirkuliert. Der Mensch ist dabei kein Beutetier von Säbelzahntigern, sondern ein Zufallswirt. Sprich: Unser erfolgreichster Parasit hat es eigentlich gar nicht auf uns abgesehen. Und: Auch für unsere Nutztiere, die er ebenfalls befällt, hat er sich eigentlich nicht entwickelt. Wir können den Parasiten auf zwei unterschiedliche Arten aufnehmen. Zum ersten über rohes oder nicht vollständig gegartes Fleisch unserer infizierten Nutztiere. Zum zweiten, Vegetarier aufgepasst, durch Salat oder ähnliche Lebensmittel, auf denen Zysten des Parasiten vorhanden sind. Diese werden von infizierten Katzen millionenfach pro Tag über den Darm ausgeschieden und können sich dann überall im Haushalt verteilen, oder wo immer Katzen herumstöbern. Meist verlaufen Infektionen mit *Toxoplasma gondii* ohne erkennbare Krankheitssymptome und so wissen viele Menschen nicht, dass sie infiziert sind. Die Parasiten infizieren unsere Darmzellen und wandern über Zellen des Immunsystems durch das Blut ins Gehirn. Dort können sie Zysten bilden, die immer wieder ausbrechen und neue Zellen befallen. Im gesunden Menschen ist dies jedoch kein Problem, da das Immunsystem eine Infektion mit *Toxoplasma gondii* soweit unterdrückt, dass es keine Beschwerden gibt. Das

Tab. 5.1 Zahlen zu weltweiten Erkrankungen/Infektionen durch ausgewählte Parasiten (WHO 2018, gerundet)

Medina-Wurm	<50
Schlafkrankheit	5000
Echinokokkose	1 Mio.
Chagas-Krankheit	7 Mio.
Flussblindheit	20 Mio.
Elephantiasis	35 Mio.
Krätze	>100 Mio.
Trichomoniasis	160 Mio.
Bilharziose	200 Mio.
Malaria	200 Mio.
Hakenwürmer	900 Mio.
Spulwürmer	1200 Mio.
Toxoplasma Infektion	3000 Mio.

Immunsystem schafft es allerdings nicht, den Parasiten loszuwerden. Zudem kann es bei einer Unterdrückung des Immunsystems, z. B. bei einer Erkrankung mit AIDS oder bei geplanter Unterdrückung im Verlauf einer Organtransplantation oder einer Chemotherapie gegen Krebs, zu Krankheitssymptomen kommen. Die ausbrechenden oder neu infizierenden Parasiten können eine schwere Toxoplasmose, die auch tödlich enden kann, verursachen.

Die Infektion mit *Toxoplasma gondii* ist beim Menschen außerdem während der Schwangerschaft von Bedeutung. Infiziert sich eine Frau zu Beginn der Schwangerschaft zum ersten Mal mit *Toxoplasma gondii,* so besteht ein hohes Risiko, dass der Parasit den Fötus schädigt, was zum Abort oder zur Ausbildung eines Wasserkopfes führen kann. Das gesundheitliche Risiko für den Fötus durch eine Infektion nimmt mit dem Verlauf der Schwangerschaft ab. Wurde eine Frau schon vor der Schwangerschaft mit *Toxoplasma gondii* infiziert, so ist dies kein Problem. Die werdende Mutter und auch der Fötus sind durch die vorhandenen Antikörper geschützt. Man könnte also fast von der Infektion vor der Schwangerschaft als eine Art natürlicher Impfung reden. Abgeschwächte Parasiten werden in der Tat vor der Schwangerschaft zur Impfung eingesetzt, jedoch nur bei Schafen (Sharma et al. 2015).

Da *Toxoplasma gondii* recht einfach im Labor in Zellen gezüchtet werden kann, ist er einer der am meist untersuchten und am besten verstandenen Parasiten (Tonkin 2020). Wobei sich dies nur auf ein bestimmtes Stadium des

Parasiten bezieht. Weniger bekannt ist die Biologie des Parasiten in der Katze, stellen doch auch Wissenschaftler lieber Videos von Katzen ins Internet, als sie experimentell zu infizieren.

5.3 Trypanosomen: Schlafkrankheit und gebrochene Herzen

Trypanosomen sind eine der faszinierendsten Klassen von Parasiten, die sowohl Haifische (vgl. Abb. 5.2) als auch Pflanzen infizieren. Manche Kollegen sprechen von den Schönsten unter den Parasiten. Darüber mag man streiten, weniger jedoch darüber, dass der tödlichste Parasit von allen wohl *Trypanosoma brucei* ist, der Erreger der Schlafkrankheit. Dieser wird von Tsetse-Fliegen, großen, irritierenden Insekten, übertragen. Diese stechen nicht wirklich, sondern kauen eher die Haut auf, um dann das Blut zu trinken, das aus den Gefäßen in die Wunde strömt – waschechte Parasiten auf ihre eigene Weise. Nach der Übertragung vermehren sich Trypanosomen zunächst in der Haut, wandern dann über die Lymphgefäße ins Blut, wo sie sich stark vermehren und in andere Gewebe wie das Fettgewebe oder ins zentrale Nervensystem vordringen können. Im Blut schwimmen die Trypanosomen und machen ihrem Namen (griechisch für bohrende Körper) alle Ehre. Ironischerweise dient das Schwimmen aber nicht der Fortbewegung – sie befinden sich ja im Blut, das sich viel schneller bewegt –, sondern ist ein Abwehrmechanismus gegen unser Immunsystem. Dieses erkennt die Oberfläche der Parasiten und stellt dagegen Antikörper her. Wenn diese an die Oberfläche binden, werden sie jedoch durch die Schwimmbewegung ans hintere Ende der Parasiten gebracht, wo sie vom Parasiten geschluckt werden (Engstler et al. 2007). Dieser elegante Mechanismus reicht allein aber wohl nicht zum Überleben aus, was man daran sieht, dass die Trypanosomen über tausend verschiedene Oberflächenproteine herstellen können. Sie tragen

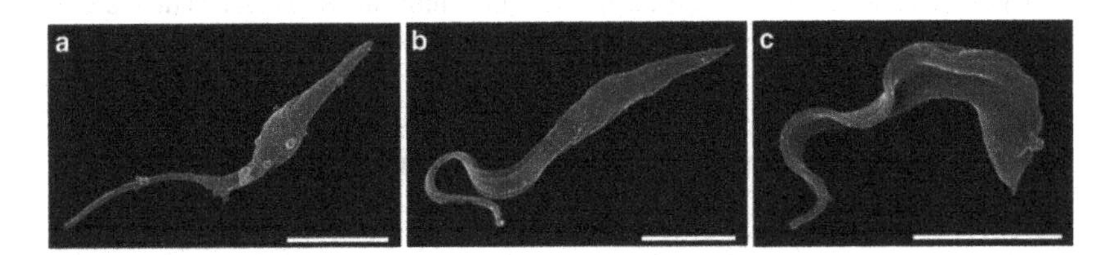

Abb. 5.2 Elektronenmikroskopische Aufnahmen unterschiedlicher Formen einer Art von Trypanosomen, die einen brasilianischen Fisch parasitieren. Maßstab: 5 µm. Aus: Lemos et al. (2015)

jedoch immer nur ein einziges, gegen das unser Immunsystem Antikörper bildet. Dies reicht erst mal zur Kontrolle der Parasiten. Wenn aber ein anderes Oberflächenprotein hergestellt wird, dann erkennen dies die Antikörper nicht mehr und die Population von Trypanosomen kann wieder wachsen, bis das Immunsystem auch gegen diese wieder Antikörper herstellt. Und so weiter, tausend Mal und durchaus viel weniger genau reguliert, als hier in aller Kürze dargestellt (Mugnier et al. 2016). Die Regulierung dieses Prozesses fasziniert schon seit langem viele Forscher und obwohl er immer noch nicht detailliert verstanden ist, gab es viele grundlegende Entdeckungen in der Molekularbiologie bei diesen Studien, wie z. B. die RNA-Interferenz (Ngo et al. 1998).

Eine Infektion mit *Trypanosoma brucei* bringt unsere innere Uhr aus dem Takt und somit den natürlichen Tag-Nacht-Rhythmus durcheinander. Daher der Name Schlafkrankheit. Während die Parasiten sich im Blut befinden, was bereits schwere Symptome hervorruft, kann man sie medikamentös noch verhältnismäßig gut behandeln. Schwieriger wird es, sobald sie in das zentrale Nervensystem vorgedrungen sind. Ist dies geschehen, so verläuft die Krankheit unbehandelt meist tödlich und selbst mit einer Behandlung kann es aufgrund der giftigen und starke Nebenwirkungen auslösenden Medikamente zum Tod kommen.

Der Mensch ist jedoch für die Trypanosomen nur ein unbedeutender Nebenwirt, da sich der Parasit in einer Vielzahl anderer Tiere viel effizienter vermehren kann und er diese dabei nicht notwendiger Weise umbringt. Jedoch verursacht er z. B. in Rindern, genauer bei europäischen sogenannten „taurinen" Rindern, eine tödliche Krankheit, weshalb in großen Teilen Afrikas keine taurinen Rinder, sondern z. B. Zebus gezüchtet werden.

Besonders tragisch ist, wie sich die Tsetse-Fliegen und mit ihr die Schlafkrankheit erst richtig ausbreiten konnten: Im ausgehenden 19. Jahrhundert starben die meisten Rinder der ostafrikanischen Bauern durch das Rinderpestvirus, was zu einer großen Hungersnot, millionenfachem Tod und der Entvölkerung ganzer Landstriche führte. Dadurch wandelte sich ehemaliges Farmland in Savannen um, in denen sich die Tsetse-Fliege ausbreitete und nun die Rückgewinnung dieser Gebiete für die Viehwirtschaft verhindert (Pearce 2000).

5.4 Leishmanien: von Orientbeulen und schwarzer Krankheit

Im Gegensatz zu Tsetse-Fliegen sind Sandmücken mit weniger als drei Millimetern Länge winzige Plagegeister. Dennoch übertragen sie auch verschiedene Parasiten, wie die mit den Trypanosomen verwandten Leishmanien. Diese werden beim

Biss in die Haut gespuckt, wo sie schnell von den Fresszellen des Immunsystems aufgenommen werden. Jene schaffen es aber nicht die Parasiten zu töten, sondern werden stattdessen selbst zu Opfern der Leishmanien. Die Fresszellen werden durch Botenstoffe verletzter Zellen zur Stichstelle in die Haut gelockt. Die ersten Fresszellen, die an einer Wunde in der Haut ankommen, die neutrophilen Granulozyten, nehmen die Parasiten auf und werden von diesen so umprogrammiert, dass sie länger leben, nämlich so lange, bis die langsamere zweite Front der Fresszellen, die Makrophagen, in der Haut ankommen. Diese fressen die neutrophilen Granulozyten und nehmen dadurch die Parasiten auf, die sich nun in den Makrophagen in der Haut vermehren (Ritter et al. 2009). Es werden immer neue Makrophagen angelockt und so kommt es zu einer lokalen Vermehrung der Parasiten und, im Fall von z. B. *Leishmania major* und *Leishmania tropica,* zu einer offenen Wunde, der sogenannten Orientbeule. Diese kann sich je nachdem, wo die Sandmücken zustachen, an verschiedenen Stellen am Körper formen, was vor allem im Gesicht zu schlimmen Entstellungen führen kann. Auch können sich die Parasiten im Körper ausbreiten und es kann zum Befall und zur Entstellung größerer Hautflächen kommen. In manchen Gegenden wurden deswegen junge Mädchen absichtlich mit Leishmanien, etwa am Po oder Oberschenkel infiziert, damit es dort zum Geschwür kommt. Nach dessen Abheilung, die oft Monate dauern kann, gibt es dann einen gewissen Schutz vor weiteren Infektionen, sodass vor allem das Gesicht unversehrt bleibt.

Andere Leishmanien infizieren die Fresszellen nicht in der Haut, sondern in Organen, wie der Milz und Leber, was zur Vergrößerung der Organe und zur Verfärbung der Haut führt, weswegen diese Erkrankung auch Kala Azar (Hindi für schwarze Krankheit) genannt wird.

Wie auch bei Trypanosomen können verschiedene Arten von Leishmanien unterschiedliche Wirte infizieren. Leishmanien können sich auch schnell an neue Wirte anpassen, wenn die Sandfliegen plötzlich ihre Stechgewohnheiten ändern. Als in Madrid in den 1990er Jahren die Straßenhunde entfernt wurden, wichen die Sandmücken auf Kaninchen aus und nahmen dort Leishmanien auf, die plötzlich auch für den Menschen infektiös waren, was zu einer kleinen Epidemie in der spanischen Hauptstadt führte (Ruiz-Fons et al. 2013).

5.5 Einzeller und Durchfall

Die weltweit meisten Durchfallerkrankungen werden von Viren verursacht, wobei vor allem Rotaviren eine große Rolle spielen. Auch bakterielle Infektionen, wie z. B. durch Shigellen, verursachen millionenfache Durchfallepisoden. Bei

Parasiten sind vor allem drei Erreger wichtig: Cryptosporidien, Giardien und Amöben. Alle diese Erreger haben einen völlig unterschiedlichen Ursprung und entsprechend verschiedene Lebensweisen. Cryptosporidien wurden erst vor wenigen Jahren als einer der hauptsächlichen Erreger von Durchfallerkrankungen weltweit erkannt (Striepen 2013). Sie infizieren nicht nur Menschen, sondern auch Tiere. Die Parasiten werden als Zysten mit der Nahrung oder mit verseuchtem Trinkwasser aufgenommen. Die Parasiten schlüpfen aus der Zyste und dringen im Darm in die Epithelzellen ein. Dort vermehren sie sich und bilden Nachkommen, die wiederum Darmepithelzellen befallen und so die Darmwand über einen langen Zeitraum schädigen können, was zu Durchfällen führt. Im Darm können auch sexuelle Parasitenformen entstehen, die sich befruchten und neue Zysten bilden, die ausgeschieden werden. Mit Cryptosporidien befallene Kälber können Milliarden von Zysten pro Tag ausscheiden. Die Zysten überleben dank einer dicken Wand mehrere Jahre in der Umgebung und sind selbst gegen Chlorreiniger resistent. Man kann sich also problemlos vorstellen, wie es zu einer großen Durchseuchung von Herden und auch der Infektion von Menschen kommen kann. Diese Infektionen heilen bei gesunden Menschen meist von alleine, können aber bei Menschen mit einem inaktiven Immunsystem, z. B. AIDS-Patienten, lebensgefährlich sein.

Ein den Cryptosporidien verwandter Parasit ist Eimeria, der einen ähnlichen Lebenszyklus bei vielen Tieren durchläuft, den Menschen aber nicht infiziert. Von den vielen Arten sind vor allem jene von wirtschaftlicher und veterinärmedizinischer Bedeutung, die Hühner infizieren, aber auch andere Nutztiere sind betroffen. Abgeschwächte Eimerien werden beispielsweise als Impfstoffe in der Hühnerzucht eingesetzt.

Giardien sind ebenfalls faszinierende Parasiten, die zu den entwicklungsgeschichtlich ältesten Lebensformen gehören und die zudem eine von vielen Menschen als ‚schön' empfundene herzförmige Gestalt haben. Giardien besitzen acht Geißeln und eine sogenannte Haftscheibe, mit der sie sich an Oberflächen anheften können. Auch wenn man bei deren Betrachtung sofort an einen Saugnapf denkt, ist bisher noch nicht klar, wie genau der Mechanismus der Anhaftung funktioniert (Nosala et al. 2018). Die Oberfläche von Giardien ist von einem Protein bedeckt, das in ca. 250 Varianten im Genom codiert ist, sprich der Parasit kann sich ähnlich wie die Verursacher der Schlafkrankheit mit vielen verschiedenen Oberflächen bekleiden, um das Immunsystem auszutricksen (Gargantini et al. 2016).

Auch gesunde Menschen sind Träger von Cryptosporidien und Giardien und scheiden Zysten der beiden Parasiten aus, wobei die Infektionsrate von ca. 1 % der Bevölkerung im Norden auf über 10 % der Bevölkerung in tropischen Ländern zunimmt.

Amöben sind die Verursacher der Amöbenruhr, eines blutigen Durchfalls, der jährlich noch zehntausende Todesfälle verursacht. Allerdings treten nur bei 10 % der infizierten Menschen Krankheitssymptome auf. Auch hier werden die Parasiten meist durch verunreinigte Nahrung und Trinkwasser aufgenommen.

Der Parasit *Blastocystis* kommt im Darm vieler Tiere vor und kann auch im Menschen unterschiedliche Symptome im Magen-Darm-Trakt hervorrufen, wobei es verschiedene *Blastocystis*-Arten gibt, die weniger oder stärker krankheitserregend sind. In manchen Ländern sind mehr als 50 % der Menschen mit *Blastocystis* infiziert. Wie viele andere Parasiten des Magen-Darm-Trakts wird *Blastocystis* über Fäkalien übertragen, die etwa die Nahrung oder das Trinkwasser verschmutzen und über den Mund aufgenommen werden.

Mit Ausnahme von Cryptosporidien werden diese einzelligen Darmparasiten alle mit Metronidazol behandelt, einem Wirkstoff der die Erbsubstanz von anaeroben Organismen, also jene die in sauerstoffarmen Umgebungen gedeihen, schädigt (s. Tab. 4.1).

5.6 Amöben in Leber und Hirn

Durchfallerregende Amöben können auch in andere Organe abwandern und dort Abszesse auslösen. Zum Beispiel kann es in der Leber bei einer *Entamoeba histolytica*-Infektion zu einem größeren Abszess kommen, den man gegebenenfalls mit einer langen Nadel punktieren muss, um bis zu einem Liter Flüssigkeit zu entnehmen. Solche Infektionen können schnell zum Tode führen. Eine noch schnellere und meist tödlich verlaufende Infektion ist jene von *Naegleria fowleri.* Dieser, auch als Gehirn-fressende Amöbe bezeichnete, Parasit kommt weltweit im Boden und im warmen Süßwasser vor und führt in den USA im Schnitt zu einem Todesfall pro Jahr. Er dringt über die Nasenschleimhaut in das Gehirn vor und löst starke Kopfschmerzen aus. Meist stirbt der Patient, bevor eine korrekte Diagnose gestellt werden kann (Cope und Ali 2016).

5.7 Sexuell übertragene Parasiten: *Trichomonas*

Denkt man an Krankheiten, die durch Geschlechtsverkehr übertragen werden, so kommt zuerst HIV in den Sinn, der virale Auslöser von AIDS, dem humanen Immunschwächesyndrom. Oder an den durch Impfung vermeidbaren Papillomavirus oder die von Bakterien ausgelöste Syphilis. Jedoch können auch Parasiten beim Sex übertragen werden, so wie *Trichomonas vaginalis.* Trotz seines Namens kommt er zu ungefähr gleichen Teilen bei Frauen und Männern vor, führt jedoch meist nur bei Frauen zur Trichomoniasis, einer Entzündung der Scheide. Eine Infektion mit *Trichomonas* kann mit Metronidazol behandelt werden. Dieser Parasit kommt im Gegensatz zu vielen anderen in nur einer Form vor und bewegt sich mit Hilfe von Geißeln fort. *Trichomonas* bindet mit speziellen Proteinen an Schleimhäute und schädigt diese (Bouchemal et al. 2017). Das Genom dieses Parasiten ist riesig und beinhaltet ungefähr doppelt so viele Gene wie das menschliche Genom, was auf eine faszinierende und weitgehend unerforschte Lebensweise schließen lässt. Eine bestehende Infektion mit *Trichomonas vaginalis* erhöht das Infektionsrisiko für HIV. Infektionen mit *Trichomonas foetus* bei Kühen können zum Abort führen und sind in der Viehzucht ein Problem.

5.8 Injektionsnadeln der Microspora

Einer der ‚einfachsten' Parasiten sind die Vertreter der Microspora (Szumowski und Troemel 2015), die eigentlich zu den Pilzen gehören, hier aber aufgrund ihrer kuriosen Lebensweise doch kurz besprochen werden wollen. Microspora haben zwar das kleinste Genom aller Eukaryoten, dafür aber eine umso spannendere Art ihre Wirte, meist Insekten, zu infizieren: Im Inneren der Microspora befindet sich ein aufgerollter, hohler Faden. Extrem dünn (1/10 von einem Millionstel Meter) kann er aber sehr lang sein, ähnlich einem aufgerolltem Feuerwehrschlauch. Dieser wird über eine spezielle Verankerung an der vorderen Seite des Erregers herausgeschleudert und penetriert die Zelle des Wirtes. Der Kern der Microspora wandert dann durch den engen Kanal und infiziert die Wirtszelle, wo sich der Erreger vermehrt (Xu und Weiss 2005). Mindestens 15 Microspora Arten können den Menschen infizieren. Einige infizieren den Darm und ihre Sporen, die monatelang in der Umwelt überdauern können, werden über den Stuhl ausgeschieden. Der genaue Infektionsweg ist aber weitgehend unbekannt. Microspora können tödlichen Durchfall bei HIV-positiven Menschen auslösen und in der Fischzucht große Schäden anrichten. Microspora bei Krebsen werden über deren Eier übertragen und die Erreger können in den Hormonhaushalt der Wirtstiere eingreifen und Männchen soweit umprogrammieren, dass diese Eier produzieren, welche dann wiederum von den Microspora infiziert werden.

6 Wie Parasiten Verhalten beeinflussen

In dem Science-Fiction Film ‚Die Dämonischen' von 1956 (Neuverfilmung 1978) befallen außerirdische Lebensformen, die wohl als Platzhalter für Kommunisten standen, unbescholtene Amerikaner und programmieren diese zu willigen Sklaven um. Die etwas verwunderliche Idee erscheint dem Parasitenforscher jedoch nicht weit hergeholt. Wie wir schon in Abschn. 2.2 gesehen haben, beeinflusst der kleine Leberegel das Verhalten der Ameise, um von dieser schneller in den nächsten Wirt zu gelangen. Auch ein Bandwurm beeinflusst das Verhalten des Stichlings, sodass der Fisch häufiger an der Oberfläche schwimmt, wo er leichter von Fischreihern gefressen werden kann. Die Larven parasitoider Schlupfwespen können das Verhalten von Schmetterlingsraupen manipulieren oder auch Spinnen zum Weben unterschiedlicher Netzmuster veranlassen. Was also machen die Parasiten beim Menschen? Ein Schweinebandwurm im Gehirn kann tatsächlich Epilepsie-Anfälle auslösen, was zu millionenfachem Leid im südlichen Afrika führt. Während dies jedoch als keine gezielte Veränderung des Wirtsverhaltens erscheint, deutet ein tschechischer Kollege seine Untersuchungen zu Verhaltensänderungen bei Infektionen mit *Toxoplasma gondii* wie folgt: Menschen werden aggressiver, anscheinend in Analogie zu infizierten Mäusen, die sich nicht mehr vor dem Geruch von Katzen fürchten. Er scheint zu erkennen, dass sich dies bei Männern in einer Zunahme von Autounfällen manifestiert (Flegr et al. 2009); und Frauen scheinen angeblich mehr Geld für Kleidung auszugeben (Lindova et al. 2006). Dies mag durchaus mit Beobachtungen des Autors in den Straßen und Alleen von Paris übereinstimmen, wo die Mehrheit der Bewohner mit *T. gondii* infiziert ist. Diese Ergebnisse könnten aber wie bei vielen solcher Studien eine reine Assoziation sein und nicht auf einem kausalen Zusammenhang beruhen. Auch bei *Toxoplasma*-Infektionen ist der Mensch Zufallswirt und deswegen ist schwer erkennbar, welchen Vorteil der Parasit durch eine solche Verhaltensveränderung hätte. Es mag vielleicht

F. Frischknecht, *Parasiten*, essentials,
https://doi.org/10.1007/978-3-658-29876-0_6

eher umgekehrt erscheinen: dass risikobereite oder leichtsinnige Menschen eine Tendenz zur Aufnahme des Parasiten durch höheren Konsum von rohem Fleisch haben könnten.

Eine interessante Verhaltensänderung bei einigen Menschen entsteht ironischerweise gerade dann, wenn keine Infektion vorliegt. Der Betroffene vermutet aber eine Infektion und redet sie sich und dem behandelnden Arzt mit großer Überzeugung ein (Mumcuoglu et al. 2018). Diese Menschen leiden unter einer Psychose mit Parasiten befallen zu sein, umgangssprachlich auch Parasitenwahn genannt. Dies kann sich in der Vorstellung äußern, dass Parasiten unter die Haut kriechen oder Allergien gegen Maden bestehen, die angeblich überall in der Wohnung gefunden werden. In Extremfällen glaubt der Patient Parasiten in der Mundhöhle zu erkennen, die man mit einer Pinzette entfernen kann, wobei es sich tatsächlich um die Barthaare handelt, die sich der Patient von innen unter Schmerzen ‚herauszieht'. Eine Laborantin in Tübingen ging gar soweit, dass sie sich 13 Mal absichtlich mit Malariaparasiten infizierte. Sie infizierte sich immer dann selbst, wenn sich Patienten in der Klink vorstellten und ihnen Blut zur Diagnose abgenommen wurde. Die Beschreibung des Falles in einer der renommiertesten Zeitschriften der Medizin endet mit den Worten, „die Patientin befindet sich nun in psychiatrischer Behandlung" (Kun et al. 1997).

Leider ist die Psychose nicht einfach durch Überweisung in eine psychiatrische Behandlung überwindbar. Der behandelte Arzt sollte idealerweise das Spiel mitspielen und sich fiktive Behandlungsmethoden ausdenken, die in manchen Fällen zur Genesung führen können. Ein in der Tat nicht einfaches Unterfangen für einen wissenschaftlich ausgebildeten Arzt.

Parasiten als Nützlinge?

7

7.1 Krankheitserreger zur Schädlingsbekämpfung

Parasiten sind per Definition Schädlinge. Es kann nun philosophiert werden, dass sie große Rollen in der Evolution gespielt haben und für die Erhaltung von Ökosystemen essenziell sind. Dies wäre uneingeschränkt richtig, ändert aber nichts an der Tatsache, dass sie für den individuellen Wirt einen Schaden bringen, mal einen kleinen, wie bei chronischer Toxoplasmose, mal einen schweren, wie bei vielen Würmern und mal einen tödlichen. Gerade letztere Wirkung kann sich der Mensch zu Nutzen machen, indem er spezifisch Parasiten ausbringt oder einsetzt, um eine Plage zu bekämpfen. Ein klassisches Beispiel von Krankheitserregern zur Kontrolle von Schädlingen ist der Myxomatosevirus (Fenner und Ratcliffe 2009). Dieses Pockenvirus wurde zur Bekämpfung der Kaninchenplage gezielt in Australien eingesetzt und führte zur Dezimierung der Kaninchen. In Europa wurde der Virus ‚aus Versehen' eingesetzt: Ein Professor und Schlossbesitzer wollte die Kaninchen auf seinem Gelände bekämpfen, der Virus machte aber am Schlossgartenzaun nicht Halt und ‚wütete' zum Verdruss vieler Jäger bald in ganz Europa, wo er ebenfalls Millionen von Kaninchen umbrachte.

Gegen Stechmücken werden ebenfalls in großem Stile Krankheitserreger zur biologischen Kontrolle eingesetzt: das Bakterium *Bacillus thuringensis israelensis,* das abgetötet ausgebracht und von Mückenlarven aufgenommen wird. Stechmückenlarven besitzen ein bestimmtes Verdauungsenzym, welches ein bakterielles Protein umwandelt, wodurch dieses toxisch wird, den Darm der Larve zersetzt und sie so tötet. Auch gegen Ratten sind Bakterien, *Salmonella enteritidis,* als aktive Komponente in Giften vorhanden. In Asien wird auch ein Gift auf Basis eines Parasiten verkauft, die natürlich von Pythons ausgeschiedenen Zysten von *Sarcocystis singaporensis* (Jäkel et al. 1999). Von

F. Frischknecht, *Parasiten,* essentials,
https://doi.org/10.1007/978-3-658-29876-0_7

den über hundert bekannten Arten dieser Parasiten verursachen viele schwere Infektionen in Nutztieren, sind aber so spezifisch, dass man *Sarcocystis singaporensis* zur Rattenbekämpfung einsetzen kann, ohne dass der Parasit Nutztieren oder Menschen gefährlich wird (Mehlhorn 2012a).

Zur Schädlingsbekämpfung in der Landwirtschaft gibt es laut dem Julius Kühn-Institut für Kulturpflanzen ca. 80 kommerziell erhältliche Insektenarten und 20 zugelassene Bio-Präparate. Dazu zählt auch *Trichogramma evanescens,* eine parasitoide Schlupfwespe (s. Schlupfwespen, Abschn. 3.6). Nur einen halben Millimeter groß, wird sie auf zehntausenden Hektar Maisfeldern alleine in Deutschland ausgebracht, um den schädlichen Maiszünsler zu infizieren. In Kalifornien wird eine verwandte Art eingesetzt, um Olivenbäume vor Fruchtfliegen zu schützen. Schlupfwespen kann man auch zur Mottenbekämpfung im Wohn- oder Schlafzimmer einsetzen oder zur Bekämpfung von Läusen im Garten. Ganz billig ist eine Behandlung aber nicht (ca. 30–100 EUR) und auch zeitintensiv, da sie über mehrere Wochen erfolgen muss. Raubmilben zur Behandlung von Spinnmilbenbefall in Gewächshäusern oder Wohnungen sind da etwas billiger.

7.2 Parasiten gegen Darmkrankheiten

Der Übergang zwischen einer parasitischen, kommensualen oder gar symbiontischen Lebensweise ist oft fließend. So kann in einem Individuum ein Mikroorganismus eine Krankheit auslösen und in einem anderen nicht. Von den Bakterien in unserem Darm ist bekannt, dass die meisten nicht schädlich, viele sogar sehr nützlich sind, jene im Darm von Wiederkäuern sogar als echte Symbionten leben. Könnten also gewisse Einzeller oder Würmer auch nützlich für den Menschen sein? In der Tat, bei bestimmten Darmerkrankungen wird eine Verbindung zum Fehlen von Parasiten vermutet. Studien zeigen, dass in der westlichen Welt kaum mehr Menschen mit Würmern befallen sind. Jedoch tritt seit dem Rückgang der Parasiten eine Reihe von entzündlichen, teils chronischen Darmerkrankungen neu auf (Stensvold und Giezen 2018). Die Frage, die viele Wissenschaftler und Betroffene stellen, ist ob diese Beobachtung auf einem kausalen Zusammenhang beruht. Hielten Würmer unser Immunsystem in Schach? Wenn die ‚Parasiten' nicht mehr da sind, schlägt dann das Immunsystem über die Stränge und führt bei manchen Menschen zu einer entzündlichen Autoimmun-Erkrankung? Diese Fragen sind trotz jahrzehntelanger Forschung noch nicht geklärt. Wir wissen immer noch viel zu wenig über die Einzeller und Würmer in unseren Därmen und ihre Interaktionen mit unserem Immunsystem. Einzelne

Studien zeigten, dass die Einnahme von Eiern des Peitschenwurms zur Linderung der Symptome von chronischen Entzündungskrankheiten führte. Andere Studien konnten diese Ergebnisse aber leider nicht bestätigen. Bisher wurden schon Dutzende Parasiten bei einer Vielzahl unterschiedlicher Entzündungskrankheiten wie Morbus Crohn und multiple Sklerose untersucht, indem sie mal als adulte Würmer, mal als Eier und mal als gereinigte Proteine verabreicht wurden. Allerdings wurden diese Studien oft unterschiedlich durchgeführt und man kann deswegen im Moment nicht abschließend sagen, ob eine solche Behandlung keinen Nutzen bringt oder einfach noch nicht die richtige Behandlungsweise gefunden wurde (Sobotkova et al. 2019).

Andere Studien zeigen einen Einfluss des Mikrobioms, also der Gesamtheit der sich im Darm befindenden Bakterien, auf einzelne Parasiten (Stensvold und Giezen 2018). Die Daten erlauben mit einer gewissen Präzision, ein Vorkommen der Parasiten durch die Zusammensetzung der bakteriellen Darmflora vorherzusagen.

Am Rande sei hier erwähnt, dass die Forschung am Mikrobiom, dem auch Parasiten angehören, immer weiter an Fahrt aufnimmt. Gesichert ist, dass das Mikrobiom eine sehr wichtige Rolle für unsere Gesundheit spielt und schon heute werden einige Krankheiten dadurch behandelt, dass man mehr oder weniger gezielt das Mikrobiom der Patienten verändert. Man könnte sich also vorstellen, dass in der Zukunft zur Therapie oder Vorbeugung ein Cocktail von Mikroorganismen in unserem Darm angesiedelt wird. Dieser Cocktail könnte nicht nur bestimmte Bakterien, sondern auch einzellige ‚Parasiten' enthalten.

7.3 Mit Parasiten gegen Krebs?

Forschung an Parasiten kann auch Einblicke und sogar neue Therapiemöglichkeiten für Krebs ermöglichen. Arbeiten mit Theilerien, die sich in Zellen des Immunsystems (sog. Lymphozyten) vermehren, lassen uns z. B. die molekularen Vorgänge bei Lymphomen (umgangssprachlich Lymphdrüsenkrebs) untersuchen. Eine spektakuläre Entdeckung gelang Forschern in Dänemark, die die Grundlagen der Malaria bei schwangeren Frauen untersuchten. Sie fanden dabei heraus, dass es nur ein bestimmtes Protein des Parasiten gibt, das für die Anheftung und Verklebung der infizierten roten Blutzellen an die Plazenta verantwortlich ist. Wenn dieses Protein blockiert wird, dann gibt es keine sogenannte Schwangerschaftsmalaria, die für den Fötus tödlich sein kann. Die Forscher fanden außerdem heraus, dass das Protein des an das sogenannte Chondroitinsulfat A (CSA) des Menschen bindet. CSA wird vor allem in embryonalem

Gewebe und eben auch der Plazenta spezifisch gebildet. Man kann also die Erkenntnis zur Herstellung eines Impfstoffes gegen Schwangerschaftsmalaria benutzen. Interessanterweise fanden die Wissenschaftler auch heraus, dass in unterschiedlichen Krebsarten ebenfalls CSA hergestellt wird und von dem CSA-bindenden Protein des Malariaerregers erkannt werden kann. In ihren Arbeiten ist es den Kollegen in Kopenhagen gelungen, das Parasitenprotein an Substanzen zu binden, die Krebszellen abtöten können. Damit gelang es ihnen spezifisch unterschiedliche Arten von Krebs im Tierversuch zu behandeln (Salanti et al. 2015).

8 Zusammenfassung

Fast jeder Mensch ist blutsaugenden Plagegeistern wie Stechmücken, Milben oder Zecken ausgesetzt und über die Hälfte der Weltbevölkerung ist mit Parasiten infiziert. Einige parasitäre Würmer und manche einzellige Parasiten kommen mittlerweile hauptsächlich nur noch in den Tropen vor, wobei an den durch sie verursachten Krankheiten immer noch hunderte Millionen von Menschen erkranken und hunderttausende Menschen pro Jahr sterben. Malaria auslösende Parasiten werden von Stechmücken übertragen, während andere einzellige Parasiten über Zecken, Fliegen oder rohes Fleisch in unsere Körper gelangen.

Parasiten haben teils kuriose Lebensweisen. Während manche Würmer einfach als Eier vom Menschen aufgenommen werden, sich im Darm entwickeln und wieder Eier mit dem Kot freisetzen, durchlaufen andere komplexe Lebenszyklen. Manche Würmer wandern aktiv durch unsere Organe und leben in zwei oder drei unterschiedlichen Wirten. Diese Wirte können Insekten oder Schnecken oder andere Wirbeltiere sein. Oft ist der Mensch gar nicht ein wirklicher Wirt, da sich der Parasit zwar im Menschen entwickelt, aber nicht weiter in den nächsten Wirt gelangt. Der Mensch als Fehlwirt leidet aber trotzdem an der Infektion. Während unsere Körper gegen manche Parasiten, meist Einzeller, einen Immunschutz aufbauen können, ist dies bei vielen anderen Infektionen nicht der Fall. Man kann von hunderten von Würmern befallen sein, diese medikamentös behandeln und sich sofort wieder infizieren.

F. Frischknecht, *Parasiten,* essentials,
https://doi.org/10.1007/978-3-658-29876-0_8

Die biologische Erforschung der Parasiten und ihrer faszinierenden Lebensweisen hat zum einen den reinen Erkenntnisgewinn zum Ziel, aber zum anderen auch die Entwicklung von Medikamenten, Impfstoffen und anderen Bekämpfungsstrategien. Die Kenntnis der Unterschiede zwischen der Biologie der Parasiten und jener des Menschen oder des tierischen Wirts ist dabei wichtig und hat eine Reihe wirkungsvoller Medikamente hervorgebracht. Während gegen manche Tierparasiten schon abgeschwächte Erreger als Impfungen eingesetzt werden, ist dies beim Menschen bisher noch nicht gelungen.

Was Sie aus diesem *essential* mitnehmen können

- Die vielfältigen Lebensweisen von Parasiten
- Wie Parasiten übertragen werden
- Parasiten befallen über die Hälfte der Menschheit
- Wie Parasiten ihre Wirte schädigen
- Wirkstoffe mit denen Parasiten getötet werden
- Skurrile Biologie von Einzellern und Würmern in Mensch und Tier
- Parasiten die das Verhalten ihrer Wirte beeinflussen
- Impfstoffe gibt es nur gegen Parasiten von Nutztieren, nicht aber gegen Parasiten des Menschen

F. Frischknecht, *Parasiten*, essentials,
https://doi.org/10.1007/978-3-658-29876-0

Glossar

AIDS – Humane Immunschwächekrankheit die durch den sexuell übertragenen Humanen Immundefizienz-Virus (HIV) verursacht wird. In den 1980er Jahren als Krankheit erkannt, verstarben seither ca. 35 Mio. Menschen an AIDS, oft durch eine weitere Infektion, die das geschwächte Immunsystem nicht kontrollieren konnte.

Asseln – Tiere die zu den ‚höheren Krebsen' gehören. Von den ca. 10.000 verschiedenen Arten sind einige weniger als 1 mm klein und andere bis ca. 50 cm groß.

Atmungskette – Eine verknüpfte Kette von biochemischen Reaktionen die es einem Lebewesen ermöglicht Energie zu gewinnen, z. B. im Mitochondrium.

Bakterien – Klasse von Organismen (Prokaryoten) die im Vergleich zu menschlichen Zellen einfacher aufgebaut sind. Nur wenige Arten von Bakterien sind auch Erreger von Krankheiten, wie z. B. Durchfall und Tuberkulose.

Bilharziose – Eine von Schistosomen ausgelöste Krankheit die in Anlehnung ans Englische auch Schistosomiasis genannt wird. Der deutsche Arzt Theodor Bilharz entdeckte die Parasiten 1851 in Kairo. Behandelbar durch Einnahme von Praziquantel.

Chagas Krankheit – Von *Trypanosoma cruzi* ausgelöste Infektionskrankheit. Die Parasiten befallen u. a. den Herzmuskel und führen über Jahrzehnte zu dessen Schwächung und dadurch zum Tod.

F. Frischknecht, *Parasiten*, essentials,
https://doi.org/10.1007/978-3-658-29876-0

DDT – Dichlordiphenyltrichlorethan, ein Insektizid, das seit den 1940er Jahren zur Bekämpfung von Insekten und Malaria eingesetzt wird. In vielen Ländern ist der Einsatz verboten.

DNA – Desoxyribonukleinsäure. Die Substanz in der die Information unseres Erbguts gespeichert ist. Ihre berühmte doppel-helikale Struktur wurde von James Watson und Francis Crick 1953 erdacht (Nobelpreis 1962). Viele der dazu notwendigen Daten generierte Rosalind Franklin.

Epithelzellen – Zellen des Epithels der Gewebsschicht, welche die inneren und äußeren Oberflächen eines menschlichen oder tierischen Körpers bedecken, z. B. Darm, Lunge, Haut.

Eukaryot – Organismus der seine Erbsubstanz in einem Zellkern organisiert hat und unterschiedliche Zellorganellen enthält. Pflanzen, Tiere und viele Einzeller sind Eukaryoten.

Flecktyphus – Bakterielle Erkrankung die von Läusen, Milben oder Zecken übertragen werden kann.

Gen – Teil der Erbsubstanz der die Information für die Herstellung eines oder mehrerer Versionen eines Proteins enthält.

Hormonhaushalt – Zusammenspiel einer Vielzahl von biochemischen Botenstoffen (Hormonen). Bei Verschiebungen einzelner Hormonkonzentrationen z. B. in der Pubertät, kann es zu komplexen Auswirkungen (z. B. Stimmungsstörungen) kommen.

Jenner, Edward – Englischer Arzt und Entdecker der Schutzimpfung gegen Pocken im Jahr 1796.

Kommensalismus – Lebensweise zweier Organismen die miteinander in einer Weise interagieren, wobei einer der Organismen einen Vorteil hat, ohne dem anderen einen Schaden zuzufügen.

Lebenszyklus – Zyklischer Lebensweg eines Parasiten z. B. innerhalb eines oder mehrerer Wirtsorganismen.

Lymphknoten – Teil des Lymphsystems. Wirkt als Filter der Gewebsflüssigkeit (Lymphe) die aus Geweben in Lymphgefäßen abtransportiert wird. Im Lymphknoten werden auch Immunreaktionen moduliert.

Makrophagen – Fresszellen des angeborenen Immunsystems. Nehmen Bakterien und kleine Parasiten auf und zerstören diese.

Medinawurm – Ein Fadenwurm der fast ausgerottet ist. Mit verunreinigtem Wasser aufgenommen entwickelt er sich, bis das Weibchen des Wurms in die Haut wandert um Eier nach aussen abzugeben. Wenn der Wurm aus der Haut heraustritt und ‚abgebrochen' wird, kann sich die Austrittstelle entzünden.

Mesenterium – Gewebe auf welchem der Darm verankert ist.

Mitochondrien – Energieherstellende Organellen in eukaryotischen Zellen

Mikrobiom – Gesamtheit der Mikroorganismen z. B. in einem Organ (Mikrobiom des Darms).

Mikrotubuli – Röhrenartige Strukturen des Skeletts einer Zelle die wichtig für die Form und Teilung von Zellen sind. Medikamente gegen Krebs und Würmer binden spezifisch an Mikrotubuli und blockieren deren Funktion.

Mutation – Veränderung in der Erbsubstanz. Eine Mutation kann zu einer Veränderung im Aufbau und der Funktion eines Proteins führen oder beeinflussen in welcher Zelle oder welchem Organ das Protein hergestellt wird.

Mutualismus – Lebensweise zweier Organismen die eine Lebensgemeinschaft bilden, von der beide profitieren, aber auch selbstständig überleben könnten, z. B. Ameisen und Blattläuse, Darmbakterien.

Neutrophile Granulozyten – Bewegliche Zellen des angeborenen Immunsystems deren Aufgabe es ist, eindringende Mikroorganismen zu erkennen und aufzufressen.

Nukleinsäuren – Bausteine der DNA und RNA. Vier unterschiedliche Nukleinsäuren bilden die Schrift mit der unsere Gene Information in der DNA speichern. In der RNA ist einer der vier DNA-Bausteine ausgetauscht.

Organell – Bestandteil einer eukaryotischen Zelle das bestimmte Aufgaben ausübt, wie z. B. das energieproduzierende Mitochondrium oder der Erbsubstanz-speichernde Zellkern.

Pilze – Eukaryotische Organismen die als einzelne Zellen (Hefe) oder als gigantische Organismen (Hallimasch) vorkommen können. Manche Pilze verursachen Krankheiten in Menschen, Tieren und Pflanzen.

Prionen – Proteine die durch eine Veränderung ihrer Struktur schadhaft werden können und z. B. bei neurodegenerativen Erkrankungen eine Rolle spielen. Schadhafte Prionen können übertragen werden.

Prokaryot – Organismus bei dem die Erbsubstanz frei in der Zelle vorliegt. Bakterien und Archaeen sind Prokaryoten.

Protein – Eiweiß das aus wenigen bis tausenden Aminosäuren besteht. Es gibt 20 verschiedene Aminosäuren, die in unterschiedlichster Reihenfolge die Ketten eines Proteins bilden, das verschiedenste Strukturen annehmen kann. Die sich ergebende, schier unendliche Kombinatorik der 20 Aminosäuren begründet die enorme Vielfalt der Natur.

Psychose – Krankhafte Beeinträchtigung der Wahrnehmung und der erlebten Wirklichkeit mit Symptomen wie Halluzinationen oder Wahn.

Rotavirus – In den 1950er Jahren entdeckter Erreger von Durchfallerkrankungen. Hauptsächlicher Verursacher von Durchfallerkrankungen beim Menschen mit über 200.000 Todesfällen pro Jahr.

RNA – Ribonukleinsäure. Erbsubstanz einiger Viren und wichtige Substanz bei allen Lebewesen zur Übersetzung der in der DNA gespeicherten Erbinformation in Proteine.

RNA-Interferenz – Ein Mechanismus der zellulären Abwehr gegen Viren. Dieser kann auch in der biologischen Forschung eingesetzt werden um Proteine vorübergehend ‚auszuschalten' und damit ihre Funktion zu untersuchen.

Schleimhaut – Mukus (Schleim) produzierende Schicht von Zellen die das Innere von Hohlorganen auskleiden, z. B. in Mund, Darm und Vagina.

Shigellen – Bakterielle Auslöser von Durchfallerkrankungen.

Symbiose – Lebensweise zweier Organismen die eine Lebensgemeinschaft bilden, von der beide profitieren während sie einzeln nicht überleben können. Beispiele: Bohnenpflanzen und Wurzelbakterien, Flechten.

Van Leeuwenhoek, Antoni – Niederländischer Tuchhändler und Naturforscher. Entdeckte 1675 die mikroskopisch kleinen Organismen, die wir heute Bakterien und Protozoen nennen.

Viren – Sind weder lebendig noch tot da sie sich nur innerhalb einer Wirtszelle vermehren können. Nur wenige Arten von Viren sind auch Erreger von Krankheiten, wie z. B. Durchfall, AIDS, Grippe und Herpes.

WHO – Weltgesundheitsorganisation siehe www.who.int.

Zelle – Kleinste Einheit des Lebens. Ein Lebewesen muss aus einer Zelle kann aber auch aus vielen Milliarden von Zellen und unterschiedlichen Typen von Zellen, bestehen. Eine Zelle kann sich teilen und somit vermehren.

Literatur

Bouchemal K, Bories C, Loiseau PM (2017) Strategies for prevention and treatment of Trichomonas vaginalis infections. Clin Microbiol Rev 30:811–825. https://doi.org/10.1128/CMR.00109-16

Cope JR, Ali IK (2016) Primary amebic meningoencephalitis: what have we learned in the last five years? Curr Infect Dis Rep 18:31. https://doi.org/10.1007/s11908-016-0539-4

Di Giulio G, Lynen G, Morzaria S, Oura C, Bishop R (2009) Live immunization against East Coast fever – current status. Trends Parasitol 25:85–92. https://doi.org/10.1016/j.pt.2008.11.007

Dobler G, Pfeffer M (2011) Fleas as parasites of the family Canidae. Parasit Vectors 4:139. https://doi.org/10.1186/1756-3305-4-139

Engstler M, Pfohl T, Herringhaus S, Boshart M, Wiegertjes G, Heddergott N, Overat P (2007) Hydrodynamic flow-mediated protein sorting on the cell surface of trypanosomes. Cell 131:505–515

Fenner F, Ratcliffe FN (2009) Myxomatosis. Cambridge University Press, Cambridge

Flegr J, Klose J, Novotna M, Berenreitterova M, Havlicek J (2009) Increased incidence of traffic accidents in Toxoplasma-infected military drivers and protective effect RhD molecule revealed by a large-scale prospective cohort study. BMC Infect Dis 9:72. https://doi.org/10.1186/1471-2334-9-72

Francesconi F, Lupi O (2012) Myiasis. Clin Microbiol Rev 25:79–105. https://doi.org/10.1128/CMR.00010-11

Frischknecht F (2007) The skin as interface in the transmission of arthropod-borne pathogens. Cell Microbiol 9:1630–1640. https://doi.org/10.1111/j1462-5822.2007.00955.x

Frischknecht F (2009) Infectious entertainment. Biotechnol J 4:944–946. https://doi.org/10.1002/biot.200900072

Frischknecht F (2019) Malaria. Tödliche Parasiten, spannende Forschung und keine Impfung. Springer Spektrum Essentials, Wiesbaden. https://doi.org/10.1007/978-3-658-25300-4

Gargantini PR, Serradell MDC, Rios DN, Tenaglia AH, Lujan HD (2016) Antigenic variation in the intestingal parasite Giardia lamblia. Curr Opin Microbiol 32:52–58. https://doi.org/10.1016/j.mib.2016.04.017

Henderson DA (2009) Smallpox, the death of a disease, the inside story of eradicating a worldwide killer. Prometheus Books, Amherst

F. Frischknecht, *Parasiten*, essentials,
https://doi.org/10.1007/978-3-658-29876-0

Hölldobler B, Wilson EO (1990) The ants. Springer, Berlin

Jäkel T, Khoprasert Y, Endepols S, Archer-Baumann C, Suasa-ard K, Promkerd P, Kliemt D, Boonsong P, Hongnark S (1999) Biological control of rodents using Sacrocystis singaporensis. Int J Parasitol 29:1321–1330

Kun JF, Kremsner PG, Kretschmer H (1997) Malaria acquired 13 times in two years in Germany. New Engl J Med 337:1636. https://doi.org/10.1056/NEJM199711273372220

Lemos M, Fermino BR, Simas-Rodrigues C, Hoffmann L, Silva R, Camargo EP, Teixeira MMG, Souto Padron T (2015) Phylogenetic and morphological characterization of trypanosomes from Brazilian armoured catfishes and leeches reveal high species diversity, mixed infections and a new fish trypanosome species. Parasit Vectors 8:573. https://doi.org/10.1186/s13071-015-1193-7

Lindova J, Novotna M, Havlicek J, Jozifkova E, Skalova A, Kolbekova P, Hodny Z, Kodym P, Flegr J (2006) Gender differences in behavioural changes induced by latent toxoplasmosis. Int J Parasitol 36:1485–1492. https://doi.org/10.1016/j.ijpara.2006.07.008

Lucius R, Loos-Frank B, Lane RP (2018) Biologie von Parasiten. Springer Spektrum, Wiesbaden. https://doi.org/10.1007/978-3-662-54862-2

Matuschewski K (2017) Vaccines against malaria – still a long way to go. FEBS J 284:2560–2568. https://doi.org/10.1111/febs.14107

Mehlhorn H (2012a) Die Parasiten der Tiere. Erkrankungen erkennen, bekämpfen und vorbeugen. Springer Spektrum, Wiesbaden. https://doi.org/10.1007/978-3-8274-2269-9

Mehlhorn H (2012b) Die Parasiten des Menschen. Erkrankungen erkennen, bekämpfen und vorbeugen. Springer Spektrum, Wiesbaden. https://doi.org/10.1007/978-3-8274-2271-2

Mugnier MR, Stebbins CE, Papavasiliou FN (2016) Masters of disguise: Antigenic variation and the VSG coat in Trypanosoma brucei. PLoS Pathog 12:e1005784. https://doi.org/10.1371/journal.ppat.1005784

Mumcuoglu KY, Leibovici V, Reuveni I, Bonne O (2018) Delusional parasitosis: diagnosis and treatment. Isr Med Assoc J 20:456–460

Ngo H, Tschudi C, Gull K, Ullu E (1998) Double-stranded RNA induces mRNA degradation in Trypanosoma brucei. Proc Natl Acad Sci USA 95:14687–14692

Nosala C, Hagen KD, Dawson SC (2018) ‚Disc-o-Fever': Getting down with Giardia's groovy microtubule organelle. Trends Cell Biol 28:99–112. https://doi.org/10.1016/j.tcb.2017.10.007

Pearce F (2000) Inventing Africa. New Sci 167:30

Pennacchio F, Strand MR (2006) Evolution of developmental strategies in parasitic hymenoptera. Annu Rev Entomol 51:233–258. https://doi.org/10.1146/annurev.ento.51.110104.151029

Ritter U, Frischknecht F, van Zandbergen G (2009) Are neutrophils important host cells for Leishmania parasites? Trends Parasitol 25:505–510. https://doi.org/10.1016/j.pt.2009.08003

Ruiz-Fons F, Ferroglio E, Grotazar C (2013) Leishmania infantum in free-ranging hares, Spain, 2004–2010. Euro Surveill 18:20541

Salanti A, Clausen TM, Agerbaek MO, Al Nakouzi N, Dahlbäck M, Oo HZ, Lee S, Gustavsson T, Rich JR, Hedberg BJ et al (2015) Targeting human cancer by a

glycosaminoglycan binding malaria protein. Cancer Cell 28:500–514. https://doi.org/10.1016/j.ccell.2015.09.003
Sharma N, Singh V, Shyma KP (2015) Role of parasitic vaccines in integrated control of parasitic diseases in livestock. Vet World 8:590–598. https://doi.org/10.14202/vetworld.2015.590-598
Sobotkova K, Parker W, Leva J, Ruzkova J, Lukes J, Jirku Pomajbikova K (2019) Helminth therapy – from the parasite perspective. Trends Parasitol 35:501–515. https://doi.org/10.1016/j.pt.2019.04.009
Stensvold CR, van der Giezen M (2018) Associations between gut microbiota and common luminal intestinal parasites. Trends Parasitol 34:369–377. https://doi.org/10.1016/j.pt.2018.02.004
Striepen B (2013) Parasitic infections: time to tackle cryptosporidiosis. Nature 503:189–191. https://doi.org/10.1038/503189a
Szumowski SC, Troemel ER (2015) Microsporidia-host interactions. Curr Opin Microbiol 26:10–16. https://doi.org/10.1016/j.mib.2015.03.006
Tonkin CJ (2020) Toxoplasma gondii: methods and Protocols. Humana Press, New York City
WHO (2019) WHO fact sheets: https://www.who.int/news-room/fact-sheets
Xu Y, Weiss LM (2005) The microsporidian polar tube: a highly specialized invasion organelle. Int J Parasitol 35:941–953. https://doi.org/10.1016/j.ijpara.2005.04.003

Printed in the United States
By Bookmasters